U0165259

礻豊 广兼 我 ？

四維 不張
危機 重重

心靈幹細胞

遇見生命奇蹟　開啟健康百歲的黑科技

蔣三寶　著

正向看待美好人生

　　與本書作者蔣三寶先生在獅子會結識，如果說把這本書變成一個人，那肯定就是齊國認識的三寶兄──博學且好學、充滿智慧卻又如此謙遜、從不停止思索人生、總是如此善良，時刻傳遞著正能量，希望由自己做起，影響這個世界，能夠變得更好；感謝這本書的誕生，感謝三寶兄將他的所知所學匯集成本書的精采篇章，讓我們可以透過三寶兄的整理，遇見生命的奇蹟！

　　齊國拜讀本書，實實在在的見識了三寶兄的學識淵博，從東方談到西方，從世界歷史講到全球國際情勢現況，從佛教、道教、基督教、伊斯蘭教，再看到儒家、道家，以及各式各樣的典籍，科學論文、醫學報導……，無論是引用哪個學派，重點是都是和我們分享，如何讓可以淨化我們的心靈，為人類找出一條健康大道。

　　生命的奇蹟何來？讀了書中的內容後，齊國的感想是，奇蹟是由自己打造而來！

　　三寶兄分享了許多，倘若我們看了書以後，書還是書，我

還是我，那麼讀過的這些，對我們的生命就是曇花一現，船過水無痕；如何能夠落實在我們每位的生活中，生命的狀態才有可能慢慢地改變，就像是大家可能都聽說過的一個科學實驗，一杯水，每天對著水說好話，給予正能量，那杯水的結晶就會是美麗的，相反的，如果每天向著水杯灌輸負能量，水的結晶則會離散且醜陋。

姑且不論這個實驗是科學或是偽科學，齊國相信，如同三寶兄所述：「當發現自己的心靈已經累積了毒素，就應該想辦法盡快排除宣洩，試著用智慧的心靈，去體悟複雜而又美好的世界⋯⋯。」排除負能量、累積正能量，對我們絕對是有百利而無一害；我們能做的有太多太多，齊國不敢說自己都能落實，但是有幾個項目，是齊國長久以來期許自己要以身作則的，分別是，有愛、懂感恩、守孝道、不貪、自省，齊國相信，至少能做好這幾項，能讓人生光明磊落，同時可以得到歡喜和樂的人生。

最後齊國想說：生命無時不刻都充滿了真、善、美的奇蹟，端看您是否正向看待屬於您的美好人生！

國際獅子會 GAT 地區領導人
前國際理事

林齊國 博士

一本值得慢慢品味的難得好書

當我們國際獅子會台灣總會的講師蔣三寶博士邀請我為其第5本新書《心靈幹細胞》寫推薦文時，原本因時間問題不敢答應，但在蔣三寶講師的希望下我利用時間看了書稿，發現《心靈幹細胞》這本身心靈的書，非常值得推薦；從序文的鋪陳開始，講到四維不張的危機，人心的貪、嗔、癡慾念過多造成地球破壞，告訴現代人的外在因素及內在因素造成健康危機，平均讓人少活50年，書文章章警世人類，

尤其在後疫情開始人心的驚嚇、惶恐，的確影響人類健康非常嚴重，如世界衛生組織（WHO）所提的；人類的100％健康指數，在心態平衡上佔有60％的健康指標。

蔣博士在本書裡特別將「宗教醫學」與其所學的「身心醫學」做結合，會讓讀者很容易了解想要「長命百歲」，必須從改變開始，因為舉凡人類的病因，幾乎和心態因素脫離不了關係。

文章裡在尋回良心，遠離病徵，說到善心一念，相信天理，

健康祛病,「懺悔」是身心靈健康長壽的靈藥,非常認同內容所述。

　　特別的是書裡講了多則心靈故事,都是在啟發人性的光明面,會讓讀者感動,尤其在夫妻之愛和父母之愛與「孝順」的故事中,每則都會感動人心。

　　總之,蔣三寶博士這本新創作的《心靈幹細胞》正能量的洗滌,誠如本書最重要的精髓即是——領悟生命真諦,活化心靈細胞,自然健康長命百歲。

　　再次肯定及推薦本書,值得大眾讀者慢慢品味,仔細閱讀,是一本難得的好書,衷心感謝。

國際獅子會 2014 ～ 2015 年度
指派國際理事 GAT 地區
領導人

江達隆 博士

愈讀愈有感覺的健康好書

　　我認識的蔣三寶博士是兩岸三地的健康身心靈講師，亦是優質的作家，在他出版第 4 本書時，有請我寫推薦文，曾說過「蔣三寶博士是我在國際獅子會講師班教過的學員，他是一位學識廣博的作者」；從他再次邀請我為其新創作的《心靈幹細胞》再寫推薦文時，我是暨驚又喜；「驚」的是蔣三寶講師竟然在一年的時間又有新作品，「喜」的是新創作的第 5 本書是針對當下人們最需要的心靈健康為主軸。

　　書中內容非常豐富，從人類七情六慾所造成的物慾橫流引發疾病至地球破壞，人們平均壽命少活 50 年，呼籲讀者從找回「四維」開始，帶領讀者了解健康和心靈正能量關係重大。

　　書中各個層面都注入其思維，我對善心一念，相信天理，健康祛病，特別認同，尤其從「懺悔」到心態「改變」，確實能讓人們找回健康泉源，三寶講師也特別將佛教的《心經》，道教的《道德經》及《基督的故事》作為宗教醫學引入心靈醫學來開啟健康之鑰，而且惡劣情緒所產生的疾病，往往在

醫學也是棘手的問題，正所謂「心病還需心藥醫」的道理是一樣的，從三寶講師的書裡更能感受「善念」、「正能量」、「大笑」、「快樂」都是大健康的磐石，這本書會讓讀者深深了解身心靈健康的重要，也在這本書裡能感受三寶講師以散播善良、散播愛為其精神指標，這次新作品的確讓人能感受其精心創作的主題，就像他本人的正能量氣息。

這本新創作講述多則非常感人的心靈故事，看完也很揪心，其實如書所寫「愛」真的是健康最重要的元素，而「愛」包括孝順、夫妻之愛、感恩，都是提升健康的要素，

總之，蔣三寶博士這本《心靈幹細胞》愈到後段文愈有感覺，因為書的多項橋段，我在平時也一直默默付出，所以，蔣三寶博士這本新書很值得推薦給大眾讀者閱讀。

國際獅子會竹竹苗區 2014～2015 年度總監
苗栗縣商業總會第 26～27 屆理事長
台灣戴姓宗親總會理事長
逢甲大學中文博士
亞洲大學數位媒體設計系博士候選人

戴美玉 博士

悲智之泉 活出生命風采

　　當蔣三寶博士再次邀請我為他的第5本新書《心靈幹細胞》寫推薦文時，仔細閱覽他這本書的內容，深深為這本書的正能量感到認同與讚賞，這是一本值得推薦的身心靈健康書，我也提出身心靈的部分觀點分享。

　　世界衛生組織（WHO）對健康的定義是「健康不僅是沒有疾病和虛弱，而是身體、心理、社會適應的完好狀態」。心理健康與身體健康之間存在著密切關聯，心身疾病就是一個典型的證明，它透露有些身體上的疾病與心理因素是有相關的，因此，保持健康的心理、積極向上的情緒，是促進生理健康的重要途徑。大量對於情緒與生理疾病之間的關聯研究發現，當陷入抑鬱、焦慮等不良情緒中，身體的免疫細胞數量會減少，從而引發身體疾患，因此及時導正不良的情緒，是維護身心健康的重要方式。

　　真理是心靈的宗教，更認為相由心生，境由心轉，心情好的時候，看一切都是美好的，不好的時候，看一切都是灰暗的，因此，相信美好，才能遇見美好，你對人生的態度，決

定你會成為什麼樣的人，而生命的質量，來自心靈的力量。學習放下慾望和罪怨的羈絆，告別負面的情緒，學會隨遇而安；保持內心的平和，懂得活在當下；擁抱積極的信念，常懷感恩的心，那麼就能激活內在的潛能，增強生命的能量。

真理對心性的重視勝之一切，以追求心靈深度層次的清明與覺悟，「智慧的覺知」不僅僅是一個目標，更是一種徹底的心靈革命與自我提升，以超越生死輪迴的束縛，通過自覺覺他而到達無上智慧的境界，這是內觀修行的積極意義！

真理體證真實的心性是廣大無邊、量同太虛，由於生命作用心的功能，心若能通達萬法空性的般若法門，不再造作，不為境界所動，遠離妄想執著，洞達萬法的本來面目，沒有人為妄取的觀念及境界的遮蔽，即是無為法的解脫境界。有為法無為法實為一體性，我們以智慧觀照，而能看破識心分別的妄性，此心藏妙用，是無盡寶藏，蘊含無盡的悲智之泉，恩澤無量的有情眾生，深值得用心探求追尋、修行體證，這才是真正活出生命的價值風采。

最後，依然要再次呼籲蔣三寶博士這本新書，真的值得讓想健康活百歲的人，閱讀及收藏，祝福新書大賣！

汐止「聖覺寺」

釋自圓

願與大家分享一片心靈曙光

2019 年末，一場病毒以迅雷不及掩耳的速度襲擊全球人類的生活型態與經濟模式，我們是否曾靜下心來思考過，究竟是病菌對人類的反撲？還是人類自己打開了病毒的黑盒子？抑或是動植物和地球對人類無明的吶喊呢？

這場淨化地球的代價每個人都該認知～自己對自己負責的重要性。

法國哲學家卡謬（Camus,Albert）於 1947 年出版的小說《鼠疫 La Peste》內容主要述訴 1849 年阿爾及利亞發生瘟疫，第二大城封城後其中的一段話：「說出來可能會讓人發笑，他們說：他們覺得對抗瘟疫的唯一方法就是『正直』。我不知道旁人是怎麼看待『正直』二個字。但對我來說，我認為就是盡自己的『善良』本分。」

的確，愛人之前必先自愛，同樣道理，救人之前必先自救。已然與病毒共存共業的人們，唯須保持正向樂觀，當大家都能安守防疫本分，並且謹慎管理自身健康狀態，世界才有機

會往更良善的結果前進。

然而，後疫情時代，人們如何維持身心健康？尤其在很多施打「疫苗」的問題層出不窮時，人們的心理恐慌更勝一切。

其實，早在數十年前世界衛生組織（WHO）已把健康定義為「全人類 Whole Person Health」意思為「身體、心智、靈性與社交之完全健康狀態」譯述如下：

身體的健康 Physical Healthl：身體器官和系統正常運作，具備充足的機能應付日常生活所需。

心智的健康 Mental Heslthl：能清楚有條理的思考，表達自己的情緒，能處理壓力、沮喪及焦慮等。

靈性的健康 Spiritual Healthl：有自我信念、與社會和諧的三觀，擁有愛人與被愛的能力及適當的憐憫之心。

社交的健康 Social Healthl：有能力維持與他人之間的和諧關係，可安適地容於社會制度。

而人們該如何回應地球？與地球和好的關鍵最重要是凡事一體兩面，全然地對自我負責。當下時刻就是照顧好自己，維持身心靈的和諧穩定，吃好、睡好保持覺察力，但切忌勿過度焦慮關注，平常心樂觀面對，為自己身體負責、覺醒後的人類才能安然渡過疫情的恐慌，也才有機會回饋地球之母。

畢竟在人體的 100％健康指數，「身心平衡」佔有 60％的健康值。

幾十年來，筆者從事生命科學、免疫學、養生學及身心醫學的成果頗有心得，尤其在接觸佛法的啟迪及儒、道學教導方知佛學浩瀚本就是人類「健康百歲之寶典」。佛教醫學也一直有教導大德居士如何學習邁向健康大道，所以，筆者在佛教醫學的薰染下把原本所學加入佛教醫學，也加入些各種宗教的健康典文，竟也得到非常好的效果。只是筆者在佛學裡依然是學習者，不夠資格像師父們對大眾「談經說法」。但，筆者在倡導大健康醫學的同時，於佛學中發現對人類健康長壽有著相輔相成的功效。

我們知道，在高度緊張的工作中生活，總是伴隨著焦慮和煩躁，逐漸地身體也會受到傷害。如同阿育王所受的苦難般，現今的人們不也都是在受著各種慾望的罪累嗎？早在幾千年前，佛就為世人留下了一盞明燈「當觀法界性，一切唯心造」，這就是說，如果人心起了惡念，自然會應在自己身上，無論什麼樣的苦難，最終還是由於慾望引起的。

可是，很多人並不理解這一點，認為精神方面的困苦與貪求有關，而身體疾病與慾望則沒有關聯。其實，在現今生活

中，咱們思想一下，比如腸胃疾病和口腹的慾望有無關係？精神問題，如委靡不振與金錢慾望是否也有相關？縱身聲色場所，難道和色慾會沒有關聯？同樣環境破壞、地球損傷是否也因人類有太多太多慾望放不下有所牽連呢？別忘了「阿育王」的例子中；可以看到即使只是精神上的慾求，還是需要實際行為，就是「戰爭」。

　　所以，今日社會的咱們千萬不要因慾望魔咒而把生活當成戰鬥般的過著，是否該有所「覺醒」呢？願本書《心靈幹細胞》能與大家分享一片心靈曙光。

蔣三寶

目錄
CONTENT

【推薦序1】 正向看待美好人生／林齊國博士 　　　　　　　　　002

【推薦序2】 一本值得慢慢品味的難得好書／江達隆博士 　　　004

【推薦序3】 愈讀愈有感覺的健康好書／戴美玉博士 　　　　　006

【推薦序4】 悲智之泉 活出生命風采／釋自圓 　　　　　　　　008

【作者序】 願與大家分享一片心靈曙光／蔣三寶博士 　　　　010

前　言　心靈幹細胞——遇見生命奇蹟 開啟健康百歲的黑科技 　018

引　言 　　　　　　　　　　　　　　　　　　　　　　　　021

楔　子 　　　　　　　　　　　　　　　　　　　　　　　　028

第一章　禮、義、廉、恥 四大不張的危機 　　　　　　　　　033

　第一節　今日地球與人類健康的危機 　　　　　　　　　　035

　第二節　現代人的危機啟示 　　　　　　　　　　　　　　037

　第三節　少活五十年的外在因素 　　　　　　　　　　　　040

　第四節　少活五十年的內在因素 　　　　　　　　　　　　044

　第五節　可預知正在進行式危機 　　　　　　　　　　　　046

第二章　心靈健康從改變開始 　　　　　　　　　　　　　　057

　第一節　一切疾病都因慾念過多 　　　　　　　　　　　　058

第二節　現代人心理亞健康因素　061

第三節　七情六慾多心病　063

第四節　尋回良心、遠離病徵　066

第五節　善心一念 相信天理 健康祛病　069

第六節　懺悔是身心靈健康長壽的靈藥（信仰）　074

第三章　領悟生命健康從「宗教信仰」開始　083

第一節　佛教篇　084

第二節　道教篇　098

第三節　聖經故事　105

第四章　創建生命的奇蹟　119

第一節　人從何來？欲往何去？　120

第二節　重建生命的不可思議　123

第三節　開啟智慧和知識的大門　125

第四節　身體問題與心靈情緒的密碼關係　130

第五節　面對自己 重建完整與完美　134

第五章　正能量投資大健康　　141

第一節　正能量與大健康的關聯性　　142

第二節　大健康時代　　145

第三節　投資大健康　　151

第四節　大健康之魂～心理學　　157

第五節　道德健康～心靈的最高境界　　164

第六節　負面情緒～苦惱　　167

第六章　快樂生健康　健康生快樂　　173

第一節　喜好與快樂～心靈健康的統帥　　175

第二節　破譯快樂幸福公式　　177

第三節　我健康 我快樂、我快樂 我健康　　180

第四節　大笑與幽默的健康法則　　184

第七章　領悟生命真諦　193

第一節　心靈小故事　194

第二節　家庭倫理的健康元素～「愛」　205

第三節　夫妻真愛的心靈健康元素　217

第四節　心靈幹細胞的另一元素～「感恩」　223

第五節　心念改變、心靈排毒　228

第八章　心靈幹細胞的黑科技　237

第一節　無所謂的悸動　238

第二節　心靈心語話健康　241

結後語　248

跋　252

前言

心靈幹細胞
——遇見生命奇蹟 開啟健康百歲的黑科技

世界衛生組織（WHO）一直在國際上宣導人類的心靈健康保有 60％的健康比例，尤其在後疫情開始，心靈健康亦趨重要。WHO 將心理健康須具備下列六大條件：一、對人生的主觀感受良好和滿意；二、有良好的自我形象和價值；三、了解、接納和適當地處理情緒；四、保持高度的個人自主和自我效能；五、擁有良好的人際互動，能接納他人，亦能被人接受；六、能保持有益身心健康行為和培養良好的生活習慣。但在過去的世紀至今，醫學界極力將醫學與神祕主義劃分界線、中醫更在乎，千年前即有醫學開始致力將「巫」與「醫」兩者分離。而心理學的領域裡也極力將其區隔開來。

但現在卻愈來愈多的人想在心靈與療癒兩者之間盡力取得平衡與關聯。據統計、美國人每年花費在另類療法與宗教療癒的費用就高達 300 億美元，而英國每三個人便有一人曾求助於身心靈療法，以求治癒疾病。乃因現代的醫學科技雖然可以對抗許多急性疾病，但是許多與壓力、生活型態有關的

慢性病，如：三高症、疼痛、心血管疾病、關節炎、自體免疫疾病、憂鬱症、癌症……等，主流醫學上至今仍無較好的對策。

在美國，愈來愈多的醫學院開始提創身心靈等另類醫學替代西醫，例如：哈佛醫學院數年前首開「心靈與醫學療癒……」的課程，將宗教醫學者與醫學權威齊聚一堂，討論療癒與病痛時心靈力量所扮演的角色。據知，目前全美約有60多所醫院都有此課程。

中國大陸在職業醫師的人文考核中，均將心理學明確定義了心理性格與行為表現的特殊性容易罹患哪些疾病。

其實心靈療癒的概念及技術存在已久，例如：台灣的原住民及很多國家原始部落的巫師們都具有以祈禱或是儀式療癒族人疾病的力量。而最為正式展開心靈療癒的是「基督教」禱告儀軌。

在傳統的沉思、冥想、禱告、宗教儀式與其他心靈方式，都具有釋放人類心裡深處的生命壓力，且陸續證實能補足目前現代醫療介入所謂能觸及的部份。

心靈（Spiritnality）的拉丁文字是「Spiritus」意思是呼吸（Breathe）意指生命的呼吸。事實上許多宗教與身心靈療法

都強調冥想和呼吸的重要性，在醫學與生物解剖學上可以明確知道，這些活化副交感神經與迷走神經系統的方式。藉由這些方式讓身體放鬆，對身體進行清理以達自我療癒模式。

筆者在早期跟隨教授學習「生命醫學」時，教授特別指導學習任何健康學識外，最重要需把「身心醫學」帶進來，才能讓在傳統中、西醫學得不到良好改善的病人獲得健康的曙光。

所以，筆者再創作《心靈幹細胞》乙書，讓讀者了解生命其實是有眾多波能，正如當下最多話題「量子糾纏」的原理一樣是可帶領大家走向健康大道。

本輯內容將從「今日地球與人類健康的危機」開啟「改變」，及「宗教醫學」和「心靈排毒」來和大眾讀者共同探討健康元素，來啟發「心靈幹細胞」的活性因子。

希望使每個人追求的健康、逆齡，得到正確的指標。

引言

一、

　　有人問：你覺得人世間什麼才是最美好的？夫妻恩愛、父母健在、子女乖巧、朋友的互助、自然界中的花花草草、迷人的景色、溫馨的生活與寵物遊戲的快樂時光、最重要的是一家人團聚時的開懷大笑。這世間許多種種美好的事物，只要我們認真的觀察體會與留意，這些讓我們欣喜、讓我們感動、讓我們牢記心田的種種美好事物，應該就是……。

　　人生短暫、美麗轉瞬即逝，但只要我們用心去感受「美好」便俯拾皆是。試想「失落時的一個微笑」、「孤獨落寞時的一聲祝福」、「憂傷難過時的一分慰藉」……都會給人以美好的溫馨感受。

　　人生靚麗，從生命的開端到結束，孕育著無盡的美，心靈～在美麗中晃動；希望～在美麗中萌芽；生命～在美麗中充實。讓你、我傾注所有的激情。用所有的心智去體悟人生、

閱讀人生中的那些美好。

　　然……你是否曾懷疑世間不會存在著美好？

　　其實，在人生過程中善與惡是共存的，因這世上有善的存在，肯定也會有邪惡並存，如果我們光看邪惡，不去領略生活中的善，不盡快排除心中積累的毒素，就只能生活在失望痛苦中。

　　所以，當你發現自己生活的心靈已經積累了毒素，就應該立刻想辦法排除宣洩，否則，只會愈積愈多，讓你鬱鬱寡歡。咱們不妨用智慧的心靈去體悟複雜而美好的世界，去處理人世間的大小事。

　　把心靈閒置不用是一種可怕又可惜的浪費，因此排出心靈中的毒素，讓自己學會閱讀那些美好，好好地為你的心靈開一扇光明之窗，讓快樂能自己走進來。

　　《心靈幹細胞》是一本讓你淡定、從容、清新的健康書。一本讓你解讀心靈的枕邊書。它將對你、我的人生困惑進行調適及提供解決之道。希望本書可以成為一壺清冽甘旨的香茗、一杯濃郁香醇的咖啡、一首輕柔舒緩的音樂、一聲溫暖體貼的問候，在不知不覺中，將損害你心理健康的心靈之毒，漸漸化解得無影無蹤，使每個人的「心靈幹細胞」得以昇華、

活化，使身體邁向健康大道。

　　親愛的朋友，只要你敞開心扉、全身心地去聆聽那些美好的情感樂章，閱讀每一個充滿真性情的故事，一段段直指心性的情感哲理，都可以感動你的心靈、慰藉你的孤寂、撫慰你的傷痛，使你獲得強健拚搏的力量，活化人體幹細胞，昇華大家的生命目標。才是人生長廊中的明燈，才是喚醒沉睡力量的健康元素。

二、

　　世界衛生組織（WHO）報告顯示，全球約 1/7 的人會在人生的某個階段遭受抑鬱症所困擾。自從新冠病毒在全球爆發之後，愈來愈多的人由於健康問題、居家隔離、社交距離、疫苗後遺症……等因素，竟給人類帶來心理健康問題，輕者表現出困惑及憤怒；重者表現出應激反應。一項有 5 萬多名的人民參與調查顯示，疫情期間，人民心理健康問題凸出、發病率高達 30%，迅速傳播的疫情、生活和工作的一系列變化，讓很多人感到焦慮並患上新冠抑鬱症、恐慌症，本身存在精神障礙的患者也可能無法得到及時有效的治療。高危險人群主要包括：因疫情失業人群、老年人、感染新冠患者、

女性、被迫長時間居家人群，普遍存在的心理健康問題給家庭和社會造成了沉重的負擔，尤其心理影響引起社會廣泛關注。畢竟，心理的問題，全世界醫生終究是「束手無策」。所以，強化心理的樂觀、積極是「刻不容緩」的課題。

英國權威雜誌《柳葉刀》發佈了一篇大型研究論文，首次聚焦於世界範圍內的新冠病毒擴散與精神疾病之間的關係。從調查分析中顯示，居高不下的新冠肺炎病例數和隔離措施等因素與抑鬱症、焦慮症發生率上升存在明顯關聯，受到疫情影響最嚴重的國家，均承受了最沉重的精神健康負擔。2019 年全球患上抑鬱症的總人數約為 2.46 億人，其中 5,320 萬左右的患者都是受到疫情影響，女性患者數量約為男性的 2 倍。而 2020 年全球患上焦慮症約 3.74 億人，其中 7,620 萬人是由疫情引起。

以上可見因為疫情的問題，造成心靈症狀是非常嚴重，所以，世界衛生組織（WHO）在疫情稍緩後，於國際提出宣言，「後疫情時代」人類的健康，必將成敗於「心靈建設」，因心靈的健康數據高達 60％，見此可知身心靈的排毒與建設在心理學上占有非常高的比例。

三、

您相信地球會毀滅，世界會末日，人類會消失的預言嗎？從二十世紀開始，甚至更早些時代，人類為了爭名奪利漸漸忘本善良、了無慈悲、拋棄信仰，延續二十一世紀的今日，人類的行為思想、邏輯，顯然地更離經叛道，嘲笑正統、頹廢調侃的風氣到處瀰漫，為「名」為「利」，無所不用其極，盜採砂石、亂砍樹木、破壞資源、汙染環境，尤其掩埋有毒廢棄物、重金屬已經使整個地球產生病變危機，核廢料大量汙染海洋生態……等。

目的無非是人的慾望太多太大。誠如佛學上說的「貪、嗔、癡」的誘因所引發的起心動念。

然而地球、世界及人類最大危機，還不只是上述原因，最主要原因是人類的「心理」生病了，而且是非常嚴重的病態，「它」影響了我們生活的「三觀」和習慣，慾望愈多「病」愈重。佛家說：「人人都有病，因為人人都有慾望，只是慾望不同產生的症狀也不一樣。」

慾望輕者自然容易調和。最可怕的是不會控制慾望，讓慾望引動心靈負能量氣場，則就形成「心病」，「心病」是「身

病」的引子，情緒惡劣、心理失衡、心態偏激、胡作非為……等，會作用於生理，造成內分泌失調、人體組織系統運轉不順暢，嚴重的會造成行為失當，讓好細胞大量死亡，而引發各類免疫及精神疾病。

身病好醫，心病難治，如何健康活百歲，如何幫助地球上的人類健康活著才是重點。筆者覺得應從本身做起，以點伸線，再擴展面，即是從個人自身開始，起心動念須將善良慈悲心開始尋回，以此為出發，即如經典所言：「人有一善，心定體安；人有十善、氣力強壯；人有二十善，身無疾病。人有一惡，心勞體煩；人有十惡，血氣虛羸；人有二十惡，身多疾病。」

這經文的意思是告訴我們：如果具善心，行善行，身體自會強壯無病。相對的如果行惡，則很容易得病。

遽聞，佛陀在涅槃之前，曾告訴弟子阿難，人生健康的關鍵原則有三點：一、要身常行慈、口常行慈、意常行慈。正是現代佛家說的：「做好事、說好話、存好心。」當然就要做好人。如聖經說：「生死在舌頭的權下，喜愛他的，必吃他所結的果子。」亦說：「善人從他心裡所存的善就發出善來，惡人從他心裡所存的惡就發出惡來；因為心裡所充滿的、

口裡就會說出來。」切記！汙穢的言語一句不可出口，只要隨事說造就人的好話，讓聽見的人得益處。

於此可知，所謂「行慈」與「善」，基本上是同樣概念那就是「慈悲心」。各宗教都認為「慈悲心」是健康的基本長壽基準。只是現代人生活在追逐名利和堆積慾望之中，不提高自己的精神境界，卻放縱自己的生活，忽略身心健康的起源，盲目進補以求自我安慰。

養生更無所談起，殊不知身心調和是一項非常複雜的系統工程，沒有身心的雙重調和，又如何能夠創造和諧的健康人生。謹記「人心破壞、社會破壞、社會破壞、環境破壞、環境破壞、地球堪憂」，以此蔓延下去，地球肯定岌岌殆哉。

所以筆者創作本書，就是想要與大眾讀者共同探討，現代人在生理及心理的問題，以求生活規範、情緒調節、心靈淨化來喚回人的天然本性「善良」、「慈悲」，才能活化身心靈細胞，也才能為人類找出一條正確光明的健康大道。

楔子

　　善惡之分，一直是中華民族傳統文化中對於人類品行、操守的評定標準。在倡導慈悲的佛教，更是把善惡之分作為佛教倫理的最基本原則，祂要求信佛的人在行為和思想上都要向善。

　　佛教的善惡觀，具體分成三個體系：

一、「順益為善、違損為惡」，這個層面比較簡單也比較接近現實生活，祂認為做了對別人好的事情，就是「善」，做了損害他人的事情，就是「惡」。

二、「順理為善、逆理為惡」，這邊說的「理」字，指的是佛教所說之理，而並非世俗道理，佛教認為合乎道理的行為就是「善」，違背道理的就是「惡」，很顯然這乃以價值觀為角度來闡明。

三、「體順為善、體逆為惡」，這裡的「體」指的是佛教的「真如之體」，簡單說即是指我們的佛性，此處所言有點超越性，但並不難理解，誠如我們常說：「做

事要有良心」。這個「良心」既不是行為，也不是道德規範，事實上是所有的道德標準和價值判定，都是由它而來。

　　因此，我們可以了解「良心」是人類共同的一種精神特徵，在傳統文化裡叫做「良知」，在佛教中就稱作「佛性」。在很多經書上將「佛性」稱為人的「自性」。正如「佛經」所言：「一切眾生皆有如來智慧德相」，佛家要我們相信自己的智慧。因我們天生就有佛的智慧，堅信自己的「自性」就等同信佛。

　　而在《道德經》裡，人的良心就是「老子」所講的回歸到「道」。回歸到「道」就是回歸到我們最純淨的「良心」、「道心」，而儒家亦稱「良心」即是「本心」。希望我們都能回歸到開發出我們清淨本心，很自然就能夠了解生命實像。然～在聖經中「良心」被定義為人類心靈的一部分。在新約引用中，希臘語翻譯的「良心」是 Suneidesis，意為「道德意識」。所以「良心」亦是「道心」，就是「本心」，即是「佛性」，更是「自性」。那「自性」是什麼？禪宗六祖慧能大師在《壇經》中曾解釋說：「何期自性、本自具足」。具足就是沒有

欠缺，慧能大師表示：我們凡夫俗子哪還要乞求多一點「自性」呢？我們的自性本來就很完美、我們的智慧也不比佛少、我們的德行和能力跟佛相比也沒有欠缺。只是，在現實中的我們又怎樣與佛說的差那麼多，變得都不一樣了呢？佛家認為是因人類「迷失」了，物慾橫流的社會，價值造成人性轉變。有人曾開玩笑的說：「現代人太厲害了，齊天大聖孫悟空最厲害也只有七十二變，現今人類竟然可以千變萬化。」只求己慾、不論他人、還陷害他人，所以每天變變變。

就信仰來說，人迷失自性的原因很多，但因我們的自性原本存在。所以我們只要找到正確合適的方法，去除掉那些讓我們迷失的魔障，即能找到真實的自我，這就叫「明心見性」吧。何種方法是所謂最適合呢？總的來說：就是「慈悲」。人因為曚失本性、沉迷於「酒、色、財、氣」，連最基本的善良、慈悲都不見了。人怎麼可能會健康呢？只有喚回善良、慈悲的心才能「轉危為安」。身病好醫、心病難治呀！具某家媒體報導；現今有錢人和沒錢人的痛苦指數居然一樣高，甚至超過。

佛家說：「眾生苦，為何苦；因為不明及迷惑，迷惑就會做錯事，就會心不安，理不得，就會百病叢生，就會受錯

誤的果報。」如此，怎可能「健康長壽活百二」呢？所以只要是「人」一定要學會覺悟，因覺悟後思想能純正不會犯錯，也就不會造作惡業，不會遭受惡報。身心靈都開朗起來，心安理得，體內外細胞也跟著活躍起來，自然而然「健康活百二」囉！

如何使千變萬化的人心尋回純正的善良、慈悲，是當下一門很重要課題。因只有善良的百姓及慈悲心，才能解救地球、解救世界、解救國家、也才能解救自己，來吧！讓我們來喚醒自性、尋回善良、行使慈悲，和筆者著作的《心靈幹細胞》，共同來喚醒自性，為這個地球及人類打造一座仁道的地球村。

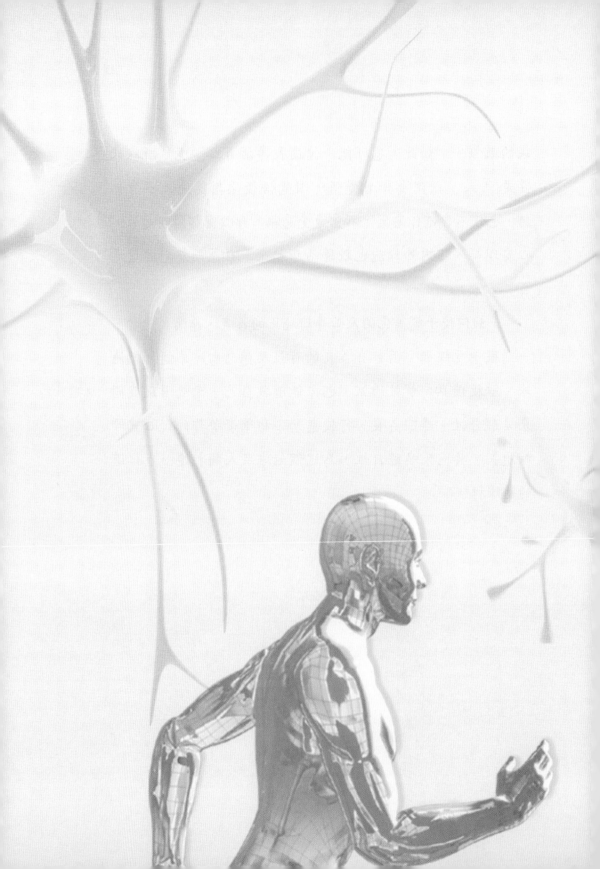

第一章

禮、義、廉、恥
四大不張的危機

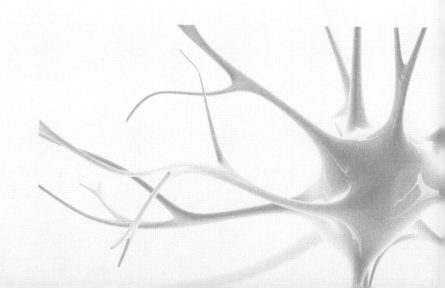

「禮、義、廉、恥、國之四維。四維不張、國乃滅亡」。這是北宋文學家「歐陽修」說的名言。而今「四維」好像消失，這是維繫國家的四項道德準則，如果它們不能被推行，國家極易滅亡。用在健康亦同。

星雲大師說：能知不能行是遺憾，但人有時候知道卻不執行，事與願違，總難圓滿。現在有很多慨嘆媒體沉淪、法院不公、司法死了、法律不平、報導不正，確實殊堪痛惜。

現代人最主要的危機，主要就是沒有廉恥心，過去提倡四維八德、國強家富，現在式微的「禮、義、廉、恥」，不但國家陷入險況，國人健康亮起紅燈，就連百姓的生活也面臨困境。現在要想救國救民，只有再提倡「禮、義、廉、恥」喚回人格道德及慈悲心或許有望，期盼大家能化痛惜為實幹、捨我其誰，發揚「四維」精神，不亦快哉。

今日地球與人類健康的危機

筆者在前四本創作中一直強調人類基因學證實，人的健康基準有 60％是由心理（心靈）因素來產生的。心理的病態往往牽引著身體細胞健康與否。具佛教對生命哲學的啟示；它把所有負面的心理感受和身體不適都統稱為「病」。於是，我們通常將病劃分為身病及心病。佛書上對此有明確的表述：「無量眾生有三種身苦：即老、病、死；三種心苦：乃淫、嗔、痴。另有二種問訊法；若言少腦、少病、興居輕利即氣力，是問訊身；若言安樂不，是問訊心。種種內外諸病為名「身病」；淫慾、嗔恚、忌妒、慳貪、憂愁、怖畏等，種種煩惱九十八使又十纏（無慚、無愧、昏沉、惡作、腦、嫉、掉舉、睡眠、忿、覆），種種慾望等，為名「心病」。這段文告訴我們，眾生有三大類身病和三大類心病，於此可知，關於身體的內外諸病、歸類身病，若是關於慾望、嫉妒、憤怒、驚嚇、憂慮、煩惱……等。包括精神感覺層次問題，都是概算在心病。

思考一下，現今人類不健康因素與上述之關聯。比如：人

性善良及慈悲心的缺乏造成現代人爭名奪利、爭風吃醋、燒殺搶奪、兒女不孝、夫妻不和、不友兄弟姊妹、酒氣財色……等，幾乎相應。依佛教醫學來說：病從心起，治療身病當要從醫治心病開始。簡言之，就是得先捨棄「貪、嗔、癡」的慾念，並用「戒、定、慧」來端正心靈，才是健康的第一步驟。

古人常說：「一念之差、失之千里。」從一念到慾念橫流、猶如瀑布急洩，造成的影響不可估量。學會控制意識和情緒、行正確心念，對生命中的時時刻刻都是至關重要。那如何有效地端正自己的心呢？

佛經說：「端正香潔、無諸垢穢。志意和雅、身安心境、不念嗔痴、三毒永斷。勿造眾惡、恆思諸善。不作王臣、不為使命。不揚榮飾、安貧樂道。少慾知足、不長蓄積。衣食供身、不行偷盜。不殺眾生、不咁魚肉。敬愛含識、如我無異。性行柔軟、不求人過。不稱己善、不與物諍。怨親平等，不起分別。」

這段經文包含很多層次內容，既有衣食住行，也有精神修養的要求。可見，修心不是單純地「拿香跟拜」，燒燒金紙，而是需要在日常中，從行動做起，培養行為上的良好習慣，提升思想精神境界，完善自我。才不會因「造諸惡業」、「悔恨終生」。

現代人的危機啟示

時代演進，科學進步，人類的起心動念完全顛倒。現代人的幸福快樂能與過去相比擬嗎？以前的人生活在倫理道德的規範，相處在詩情畫意裡。現代人的生活卻不一樣了，很多現代人不要祖先、不要父母、處處拈花惹草，就算你擁有財富、地位，結果到頭來，回眸一望，才發覺自己還是不快樂、不幸福，此時你的問題就來了，同樣社會問題也就發生了。每個人都該有社會倫理觀念，才能對父母有親、夫妻有愛、家庭融合，方可「家和萬事興」，依此推展至愛家族、愛鄉鄰、愛社會國家、愛人類。如佛家說：「愛一切眾生」。耶穌基督也說：「神愛世人」。

但是，如今的教育不知是哪裡出了狀況？人性的善良不見了，慈悲心也遺失了，更甭談倫理道德。人類的危機於是就此才陸續浮出跡象；從給我們「生命」的父母，給我們「慧命」的老師，還有各宗教給人的因果教育。在大多數人身上已經磨滅、不在乎，所以造成現代社會問題層出不窮。有哪些問

題，我們分項述之：

一、思想偏差：

現代社會人認為因果報應是迷信，根本不在乎因果輪迴，都認定「只要我喜歡，有什麼不可以？」這種人不但不孝順父母、不敬師長、不愛同學，只要有人不小心冒犯他，肯定叫人把他毒打一頓，看看現在學生打老師的事件層出不窮，做任何事情無所顧忌，聽過高中生說：「損人利己佔便宜、不佔白不佔」，「與人為善會吃虧，虧了就白虧」，聽得我毛骨悚然，很多流傳話語分明在害人。壞的思維一直在灌輸，使得人的羞恥心喪失、畏懼心沒有了，才會有人想盡辦法害人，謀奪他人性命及財產。所以，回溯源頭，古人說：「傳承命脈、為天地立心、為生民立命、為往聖繼絕學、為萬世開太平。」似乎差遠矣。這思想偏差探究因由，就是培養出來的人才，不會和諧地與人相處。這三種關係做不好，當然會使種種危機、災難爆發開來。所以，當今能解救的唯一方法只有一句話「解鈴還須繫鈴人」，從本身的思想改變做起。再尋回「四維八德」。古有明訓：「行有不得、反求諸己」。此意為：事與願違時，應反過來在自身上尋找問題及根源。

人的思維會引動行為善惡、父母要負責任、社會要負責任、國家同樣要負責任。當發現家人有思想偏差時，應想方設法將其導正才不會發生大問題。

二、家庭倫理：

「少成若天性、習慣成自然」。很多夫妻手裡抱著嬰兒就在吵架，雖然孩子不會說話似乎都聽不懂，但根據科學研究證實，孩子的腦波不但都記下來，而且都學會了。所以，從古至今我們一直承襲所謂的「胎教」。因嬰兒在母親的肚子裡就在學習、感受父母的起心動念，如果是良善、慈悲，母親給胎兒的利益就非常大。每個人都希望孝子賢孫，一定要從懷孕開始教，自己要先行孝、行善，那種母子心靈相通的訊息波能就會直接教導，淨空法師曾說：「給孩子真正下了深深的善種子，孩子出生後一定慈眉善目。」如此孩子的心靈細胞不止純正，更會倍增活化。這非迷信，這是真有科學的理論基礎。

當孩子出生後更為重要，讓孩子在成長過程看到的、聽到的、接觸到的全是正面的，全是美好的，那對孩子未來的行為準則一定是端正、賢良。所以說：父母真愛孩子就請別在

孩子面前吵架。如此在正能量的薰染下，自然而然，孩子必將是良善、慈悲、孝順的菁英人才。筆者在中國大陸演講時，發現目前大陸的小學童都在教導一篇古文叫《弟子規》，這篇古文相當好，內容簡述之：「入則孝、父母呼、應勿緩；事雖小、勿擅為；物雖小、勿私藏；苟私藏、親心傷；父母命、行勿懶；父母教、需靜聽；父母責、需順承⋯⋯。」

當然現代有些少數父母本身思想就偏差，師長在教育學生時也同時要教其辨別心，勿讓錯誤的觀念及行為又教給孩子。總之，心念會影響壽命；言語造作，一定會牽引壽命和福報。

第三節

少活五十年的外在因素

世界衛生組織（WHO）在國際上曾公開宣佈：人類真實的壽命可活 120 歲，只是如今各個社會角落問題重重，危機隨處，可見人的迷惑極處，良知也喪失，人類的痛苦指數逐漸升高，國家民族的病態指數也升高，這裡亦可劃分二大類：內在因素與外在因素，才使得人類的壽命平白少活約 50 年，

於此，咱們先談論外在因素——

一、亂砍伐樹木、亂採砂石、動搖土地結構：

台灣一塊小小土地已經破壞的滿目瘡痍，近幾年來是否發覺每逢大雨必成災，有災就有生命財產的傷害，天災人禍不斷，幾年來看到多少件「土石流淹埋多少人命，使得很多家庭剎那間失去親人的悲痛，一幕幕呈現在我們眼前，這有多悲哀您知道嗎？對住在這片土地上的善良百姓來說真是情何以堪！

二、毒品氾濫：

現代人也簡直瘋狂到極點。想健康活著的人都很難，為何要吸食毒品，殘害自己性命。最糟糕的是一些公眾人物一而再、再而三的吸毒被抓，還有臉在電視上要求大家原諒他，這是什麼道理?!敗壞社會道德，這些人難道不用負起形象道義責任嗎？台灣就是刑罰輕，造成很多人鋌而走險。尤其每次破獲毒品時，我就很納悶了，為何新聞和記者都要報毒品價值多少？才讓很多人不顧生命安全地去吸毒去販毒，太悲哀了。

我們來看看菲律賓前總統杜特蒂（Rodrigo Duterte）上任時，為實現競選時承諾，即大規模掃毒行動，甚至下令警察可射殺毒犯，當然「菲律賓」是天主教國家，杜特蒂的作為的確引起人民的批評及抗議，但杜特蒂在卸任時，他的民意聲量竟然還高漲。可見人們對毒品氾濫肯定是非常厭惡的。

恰如，長輩說：「要活比較困難，要死一念間而已。」早晨我經常會去散步運動，有幾次在公園的角落還看到打毒品的針管丟了一地，為了怕小孩撿去玩，我還得想辦法把這些有毒的器材處理掉。

所以，台灣的香菸廣告很奇怪，現在是有規定要有警告標語：「抽菸有害健康，請勿抽菸」、「吸菸會導致性功能障礙」……等。可是之前香菸的廣告卻是一家做的比一家大。最嚇人的是台灣有一種菸，它的菸名還叫做「長壽」！真的是很糟糕！

三、大眾媒體負面影響太大、太廣、太重：

有一則早期的報導在 70 年代有專家問淨空法師的老師方東美先生：「如果有一天美國被毀滅的話，會是誰有如此絕大的力量呢？」方東美先生很直接回答說：「電視。」後來

亦有專家請問淨空法師，法師也回答：「如今很多國家，包括台灣，倘若有一天會被毀滅最主要的因素一樣是『電視』。」尤其台灣已經漸漸走到這條路，再不善加約束的話，「電視」及「媒體」真的會把台灣消滅掉。

咱們看看台灣目前的社會，不就是一個「亂」字嗎？政論節目天天大亂鬥，原本藍綠互鬥、互批，現又加入一個白的，還有一些其他顏色沒有是非的對立、永遠為了選舉躲在暗地裡的自媒體也是「亂源」，胡說八道，讓電視和手機時時刻刻在牽動百姓的情緒，因 3C 器材方便，詐騙愈來愈多，百姓的精神如此，身體怎麼會健康呢？如今因自媒體也氾濫，什麼不能播都在播，包括偏頗的內容，在在麻痺人心。從色情、暴力、血腥做到賭博、三字經（罵人的），不知下一代的孩子該如何教育？

看電視節目的腐敗從美國這個國家便可看出端倪，美國曾經有一則電視機廣告被嚴重譴責，它的廣告詞是這樣說的：「看電視的重要，勝過救人一命。」

前面提過電視節目應該是文化產業，從理論上說是希望人們日益提高文化生活，「它」本身並無善惡，往好的方向走，「它」會是很好的文化教育宣導工具，往錯誤的方向走，當

然就會產生不良的負面問題發生，如何製作好的節目就需要各個製作人的思維邏輯。就此來探討一個狀況，台灣目前有 2 千多萬人，以 500 萬個家庭來計算台灣現有 500 萬台電視機，如果播放的都是正能量的節目，是否像有 500 萬個好老師一直在教導人民、陶冶人民，如此整個社會在善良與慈悲的倫理道德下生活，這個社會是不是會一團和氣，大家有禮貌，相處融洽，不會紛爭，不會勾心鬥角，人人精神愉快，笑口常開，自然能健康長命百歲；所以，請媒體人拜託給國人清新健康的節目，別做媒體人無形的文化殺手。

第四節

少活五十年的內在因素

人的身體是由四大基本元素，也就是「地、水、火、風」這四大物質因素組成的，如果人的身體其中「一大」出了問題，即稱謂「四大不協調」，這時身體就會開始產生問題，則陸續百病一一而來。所以，佛教醫學的觀念亦講究「四大調和」。在佛學中，「四大」分為內、外兩大類；同心識和

合而形成眾生肉體的為「內四大」，如：毛髮、骨肉屬於地大；
內分泌系統屬於水大；體溫屬於火大；呼吸屬於風大。而「外
四大」是指：不同心識和合而形成的，比如說，堅硬屬於地大；
濕潤屬於水大；溫暖屬於火大；流動屬於風大。如此，我們
就能瞭解「四大調和」，不僅是身體調和，也包含自身與外界，
也就是心靈與自然的和諧平衡。

有情生命，必須要用清醒的頭腦、深邃的智慧、正確的觀
念，尋找人生的真相，在真理的印證下，明白一切眾生都是
迷失真性、妄起、執著。眾生由於自我執著，隨順而貪、隨
因而取、逆我則嗔，不解順逆之境皆是假，有便成為癡。簡
單說：貪、嗔、癡這三者都是因內在因素所引發的精神上「疾
病」，舉例說：在現實中，每個人都需要賺錢，這原本是正
常的事，但因現實壓力的影響，很多人自然會對物質上的生
活慾望愈來愈不知足，哪怕您已經賺了很多錢還想要更多，
就形成「貪」字。錢賺少了內心又不平衡，即形成了「嗔」，
這兩者其實都是因生活壓力與內心慾望相互作用產生的，我
們應該清楚生活並非只是物質，如果把「賺錢」等同於生活
就是「癡」。

在佛家的觀點，這「貪、嗔、癡」就是人生命裡的「三毒」，

其實質是在心的層面沒有認清事物本質的基礎上引發一系列之心理問題，此均為「內在因素」。這種問題其實人人都有，在現今當下的社會非常普遍，但值得注意的是「它」會繼續引發各種情緒疾病，心病、體病及精神疾病，可不能等閒視之。所以，佛家特別說「心無罣礙」，才是健康的根本。更有「養生首要在養心」，也有「人生勝境平常心」、「寵辱不驚、得失不計、默雷止謗、化毀為緣」之說，更是主張「萬念歸一、清滌濾」，由此可知養心的基本條件，便是慈悲心，這也是身心健康的基本條件之一。有首佛教的護生詩咱們看看：「誰道群生性命微？一般骨肉一般皮；勸君莫打枝頭鳥，子在巢裡望母歸。」這首詩很能體現慈悲心的意境，它提出要用平常心看待萬物。如此才能夠擁有一顆平和寧謐的心靈，看清生命善惡之別，方知如何修持，以養護心靈健康。

第五節

可預知正在進行式危機

「天災篇」

　　宇宙變遷，人類的生存沒有比現在更危險的時代，此種威脅人類禍及生命安全的天災有：地震、火山爆發、洪水海嘯、暴風、乾旱、變異細菌及病毒，南北極的冰快速溶化，頓時將使海水上升 70 公尺以上，那以前的電影「明天過後」的情節就會在現實人生出現，這是大災難。果不其然，2011 年 3 月 11 日，日本大地震所引發的海嘯，正如電影情節般的天災地變，確實帶給日本非常嚴重的災害，人民的生命財產受到空前的傷亡及損失。

　　台灣亦同 1999 年 3 月 21 日凌晨 1 點 47 分發生芮氏規模 7.3 級的大地震，造成重多傷亡。卻在時隔 25 年後，2024 年 4 月 3 日上午 7 點 58 分竟又發生芮氏 7.2 級的大地震，威力如 32 顆原子彈，造成人民恐慌與災情（地震時，筆者正在創作本書），當一開始上、下震動時，我就說「大地震」來了，接續還陸續餘震 60 多次，至 4 月底已破千次餘震，太可怕的天災地變。有人說：「這是地球憤怒的反撲。」真的！全世界都該引以為戒。

　　再看一則真實案例：2007 年 9 月 14 日全世界在報紙及新

聞看到一則怵目驚心的消息，北冰洋迅速溶化海水已達歷史最高水平；以往每年溶冰速度是 10 萬平方公里，2007 開始急速溶化達到 100 萬平方公里，據報導目前僅剩 300 萬平方公里。最可怕的是冰雪融化後，海水可能又會升高約 300 公尺，那就像印尼一樣，只要大地震，緊接海嘯洪水氾濫，又是一片哀嚎。

　　最新科學期刊《自然通訊》（Nature Communications）發表一項研究指出，北極海水最快會在 2030 年 9 月完全消失；即使現在開始改善溫室效應，最晚也會在 2050 年全數融化。難怪科學家預言：不久將來，動物界最會游泳的北極熊，可能會慘遭海水滅頂（＜註＞：因為北極熊找不到冰岸可上岸，當然會淹死）。

　　進一步說：無論導致疾病的具體原因變得多複雜，追根究柢可發現這些病乃是「無明」造成，人類不斷地使用地球，又不斷地破壞地球，使其無法再生資源，環境不斷惡化著我們周圍的一切，比如我們呼吸的空氣受汙染，身體皮膚受到不良環境的侵蝕，心識也會因環境的破壞而變得更加迷惘，再加上天災不斷，我們居住的環境能源被過多使用而引起氣候異常，地球上的「四大」變得不協調，人的身體自然會遭

受嚴重且難治性的病痛，雖然是天災，但有很多後果卻是人類引爆的，人類不得不痛定思痛。

「人心篇」

同樣的，人類愈來愈沉迷放縱自己所得到的快感，卻反而將之視為無可非議，這難道不是「慾壑難填」的問題嗎？筆者常常和學員分享，現代人沒公德心，亂墾亂伐，水土沒保持；樹木亂砍，一顆幾百年、幾千年的大樹只需5分鐘就被砍下來，珍貴的樹木馬上變成筷子、牙籤。家禽、家畜亂打藥，給人吃日積月累，人就生病了；五穀雜糧、蔬菜、水果也是農藥含量高，種米的農夫還是有不少良心不好的人，把沒毒的米留給自己吃，比較差的有毒米賣給消費者；黑心商品滿滿是：「毒奶事件」、「黑木耳為增加重量用硫酸酶加工」，「魚蝦蟹養殖場怕養的魚蝦蟹生病，經常放『藥』餵食牠們，然後又賣給人吃」；尤其現在市面上的各類食品都有偽製品，都用化學成分製成；還有萊豬、萊牛，連日本核食都進來台灣，連雞蛋都有毒蛋。；以及食物太多吃不完倒進廚餘桶，黑心商人載回去，竟是提煉二手回收油，再賣給生意人，然後做成食品賣給客人。人心太壞、商人沒公德心，害慘百姓的健

康身體。當然也有很多有良心的商人，只是消費者很難判別。

教育失常，人心敗壞，足夠影響一切，倫理道德、善良慈悲放兩邊，利益擺中間，現代人因環境改變，大家拼命想賺錢的情況下，人心貪求又出現奇怪現象；「詐騙」年年說打詐，詐騙案子卻年年飆升，手機一打開就是一堆詐騙自媒體，講得錢多好賺，如果是真的，他們自己賺就好，還需要到處告知嗎？每個人的心思一定要冷靜看待真假。想想這不都是邪惡慾念所造成的嗎？

今天的國際社會，台灣當然也是倡導消費的年代，人們消費物慾橫流的慾念高漲，咱們看看國際上的調查報告指出：世界每年花費 50 億美元（甚至更多），在購買運動明星的球衣及球鞋。每年花費 700 億美元在色情雜誌上。每年花費 500 億美元在酒精上，每年花費 650 億美元在抽菸上，最可怕的是每年花費 2 兆美元以上在製造殺人武器。但最可悲的是每年竟有 9,500 億美元是花費在購置不見得需要的東西，您知道嗎？可是、是否有人想過，每年只要有 500 億美元就可以拯救 1,825 萬人的生命，相當於每日可有 5 萬多人獲救，那我們計算看看這些浪費的錢省下來每年可救多少人，世界也會變得更加祥和不是嗎？很多國家可能就不會走到「兵戎相向」。

但是真的很無奈，現在很多人只顧自己消費，哪怕再多的浪費，也不願救助別人，豈不悲哉！

人心敗壞尚有多案例：官員、民代以權謀私，貪汙腐敗、犯法者找人脫罪、檢警單位和法院不秉公處理，似乎把以前的「有錢判生、無錢判死」的荒謬風氣又引發出來，此為社會的公平底線，行政官員、政治人物醜聞層出不窮，依然大搖大擺到處遊蕩，此景情何以堪。學校、老師是教育底線，如果只想爭名奪利，就會失去教育的師範和榜樣，只問升學率不問學生品操和健康又有何用？教育部及衛福部都曾經調查過，台灣學生學歷愈高，身體不健康的比例是成正比，連帶地影響到學生的心理層面，看看現在多少國、高中生，不但會霸凌同學，更會打老師，這是教育部該好好思考的方針，千萬別有升學能力，卻沒有健康的體魄，沒有健全的心靈可以讀書，實屬可悲。

談談醫院，醫生原本是偉大救人事業，可惜很多醫者不但沒有「父母心」就連基本的關心都很難付出，眼睛看到的都是「錢」，只想能在病人身上賺多少錢，忽略病人本身的苦處，想到的只有買賣關係，難怪連知名寺院的出家師父都說：醫生分四等，甲等、乙等、丙等及劣等，生病人最差也要遇

到丙等，如果倒楣遇到劣等醫生，可能一句話就會要你半條命。舉個例子：曾經有一對當老師的夫妻，每年做一次健檢，但有一次一位醫生看了他們的報告後，竟對這對夫妻說：「我看你們的癌症指數稍高些，但不是癌症，我看要不你們做個化療保養一下？」這對夫妻來找我談，我說：「這是無稽之談。」還好這對老師夫妻換了家醫院，才保留住生命。所以說：這也是人心黑暗最悲哀的「心靈缺陷」。

拜金主義風氣的形成，現代人很多吃不了苦，卻老是夢想「天上掉下來的禮物」，殊不知掉下來的不見得是禮物，可能是毒藥或炸彈。

這幾年網路上流傳著一段年輕人找工作名言錄：「錢多事少離家近、位高權重責任輕、睡覺睡到自然醒、數錢數到手抽筋、發放獎金我先領。」這種心態恐怖呀！據知還有發生大學女生去酒店坐檯被抓到，送回學校時，女大生竟槓上大學校長，她們的信條是「學歷證書不重要，一心只想賺鈔票」。所以，「笑貧不笑娼」的風氣又再重新燃起，一窩蜂地進入聲色場所上班，就連男生也直接走入牛郎店工作，如今年輕人慾念蒙蔽雙眼，草莓族又多，媽寶也不少，真不知國家未來如何？會變成什麼樣子？

有錢人的浪費亦是「貪、嗔、癡」的迷航者，大家看到有錢人幾千萬，甚至上億元蓋棟大房子，幾百萬甚至幾千萬買豪車，也許辛苦大半輩子錢賺多了，給自己及家人一個舒適特別的享受或犒賞應是正常行為，但是經常吃頓飯要花上幾十萬、幾百萬那就不敢恭維了。疫情前，中國大陸有個新聞節目，曾報導一個特別醒目的新聞，標題是「為何一頓飯要花費人民幣 36 萬元（折合新台幣約 147 餘萬元）?!」這餐天價的餐宴據說是大陸商人與台灣商人的飯局，其中光一道「龍鬚鳳卷」，即用上百條鯉魚的鬚子做成的，其他就不用說了。每道名菜之珍貴可想而知，最糟糕的是都只吃幾口，拍個照，就倒進廚餘桶了，這種暴殄天物的吃法真會被罵死，難道這些人不知道這餐飯錢可救助多少貧窮家庭嗎？

再來談談人類最恐怖的貪念心，也是最沒有道德的一種，製造核子武器及化學武器，全世界一定要有共識，不只不要製造核武，更應該主動銷毀，可知一枚核彈的銷毀能拯救千百萬人的生命財產嗎？這是「無量功德」啊！

美國科學家湯恩比博士曾說過一句名言：「最安全的國防就是國家把軍隊撤除，只需警察就好。」但是這種「世界大同」的理想境界欲待何時呢？據國際戰略情報指出：恐怖組織的

野心份子，不但不銷毀核彈與化學武器，尚在規劃更危險的基因和細菌武器（看看這幾年變種的病毒特別多），這是人類之災，地球之禍，世界之危啊！各國領袖應慎思之，真的不要做危害國際之事。

看看目前世界上正在打仗的國家：俄羅斯、烏克蘭、以色列、巴勒斯坦、阿富汗、敘利亞、緬甸、葉門、索馬里、馬里、利比亞、埃塞俄比亞、中非、南蘇丹、墨西哥、哥倫比亞、烏干達、突尼斯、多哥、坦三尼亞、蘇丹、尼日利亞、尼日爾、毛里塔尼亞、科特迪瓦、伊拉克、加納、剛果、乍得、哈麥隆、布塞納法索、阿爾及利亞。你沒看錯，這些是目前全球正在發生軍事衝突的 32 個國家。據統計，現在全球共有 197 個國家，這也就意味著全球大約有 16％的國家處於戰亂狀態。值得注意的是，以色列與巴勒斯坦之間的矛盾屬於侵略戰爭。俄烏衝突屬於兩個國家之間的戰爭，其他的均為內部戰爭。

然而，生活在台灣的我們，雖然目前尚屬安定，但在國際上被列為最危險、最有可能發生戰爭的地區，但願臺海兩岸別發生任何戰事。畢竟，咱們都是炎黃子孫，都是大中華民族的子民，和平相處才是百姓之福。只是事實已經證明：我們目前只是生活在一個和平的地方，並不是一個和平時代。

有賴大家共同努力。

　　但現今全世界包括台灣均浸淫貪慾無制的社會，還大談民主論調。例如：美國政府至今不簽屬「保護全人類生態環境的議定書」，其實，這攸關全人類子孫的環境安全問題，卻因美國民主壓力太大，他們的鋼鐵化，還有汽車工業主，完全不同意，美國人民也不願意，認為簽這項協議生活水平會降低。

　　這些舉著民主反倫理的還有幾例，早期美國、英國聯手攻打伊拉克就連聯合國反對也不能制止，就是打著民意當靠山。再把時間往前移至 1840 年英國商人向中國販賣鴉片，中國反抗，英國議會即投票同意英國發動戰爭攻打中國，民主制度至此其實已經枉顧倫理道德，只有自己國家利益和自己老百姓慾望是至高無上，根本不在意是否合乎天道和人道。心靈細胞肯定有問題。

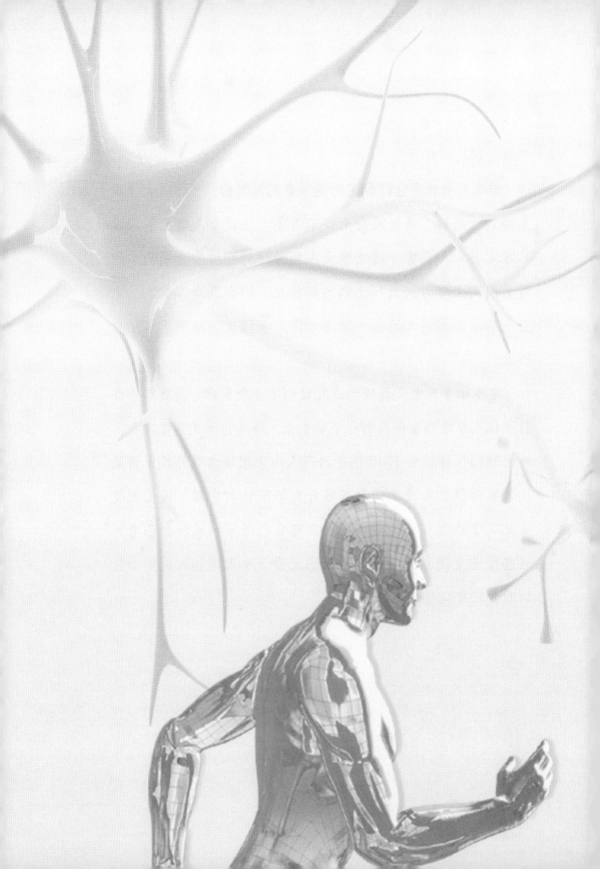

第二章

心靈健康從改變開始

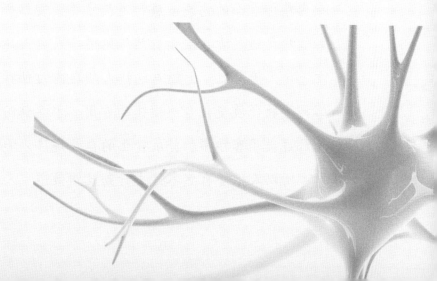

第一節

一切疾病都因慾念過多

　　現代醫學認為人體所得的疾病大部分是因心理失調所引起的，心理失調正是「貪念」過多的主因，所以稱為「心身醫學」。這與佛家說：「心病導致身病」的觀念相似。佛家認為人類心理所產生的不正邪念能引動體內的不調和，將導致身受病苦，只要心平氣和、心無雜念，就會得到真正健康。

　　道家注重「養德調心、心德互養」。其意義治療思想體現在下列幾個方面；反璞歸真，因性而為；「為人」、「與人」，超越自我；不與物遷，寵辱不驚；清心寡慾，不為物累。這寶貴的文化資源啟示人們自覺地追尋人生的意義，將心理治療與精神層面的意義治療和道德修養緊密結合。因此，老子的健康之道，貴在法于自然。他倡導人與天地相生、「道生之」、「德養之」，認為包括人類在內的世界萬物，都是于客觀事物發展變化自然規律的作用，才從無而有，世界萬物由於遵循了客觀事物發展變化的自然規律才能得到應有的育養，所以人依著自然本性去行動就叫做道，人的行動適合了

其自然本性就叫做德。所以，老子主張順其自然，知足不辱，知止不殆，至虛守靜，委曲求全，大巧若拙，盡量使心靈虛寂，堅守清靜。由此可知道家思想體系探究自然、社會、人生之間的關係，探索萬物變遷循環中亘古不變的規律，對後世中醫養生學產生了重要的啟蒙作用。

基督教也認同健康的定義是：生理、心理及社會適應三方面全部良好的一種狀況，尤其，預防疾病更重要的是要積極地促進身心靈全人健康。另外基督教更指出靈性能為我們的生命帶來意義與方向的一種深刻與有活力的能量；因此，靈性的健康足可使我們超越生理與心理的疾病，賦予人內在力量，進而能降低壓力賀爾蒙，調節免疫系統穩定自律神經，促進疾病早期發現，早期治療。

同樣地在筆者所學的生命醫學亦是注重治療人們的心理疾病，通過緩解壓力，除卸心理上的苦惱來達到治療身病的目的。正與看過的經文相應：「凡夫若遇身心苦惱，起種種惡，若得身病、若得心病，令身口意作種種惡，以作惡故，輪迴三趣，具受諸苦。何以故，凡夫之心無念慧故，是故生於種種諸漏，是名念漏。」

這段經文譯意為：我們生於世間，會遇到身心苦惱，會得

身病或者心病，這是為什麼呢？歸根究柢還是因為心中沒有「念慧」，沒有正確處理自己與社會，生活與人生的關係，乃是因思想觀念裡的固有錯誤認知，導致我們對社會、事業、人生、家庭等等，產生錯誤的行為，所以，身心兩方面都不健康不幸福。具體來說，人在生存的同時，無時無刻不在追求幸福，但要求我們構建一種平衡，在一種和諧當中，處在一種合理發展的狀態，從而達到身心康泰、延年益壽的目的。

　　當然，我們大多數人在現實生活中很難做到身心和諧，所以不論您是信仰哪一門宗教，應該均是一條「明路」。尤其在佛法的修持上，記得「願意去接觸、菩提遍開花」。試著問自己：您覺得幸福嗎？快樂嗎？如果答案是「否定」的，那您肯定就不健康，因為您胸中這小小方寸裡，塞滿太多的「垃圾慾念」，諸如：貪婪之念、嗔怒之念、痴昧之念、及數不清的妄想、分別、執著……等。難怪您不健康、不幸福、不快樂、動不動就憂鬱症。佛家說：「成佛由祂、成魔也由祂」。成佛成魔都是一顆心，凡夫的起心動念能不慎乎？只是善培善心，幸福可以自己掌握，快樂就在其中，健康長壽自然跟隨您。

現代人心理亞健康因素

隨著現代心理學的發展，以及現代人心理問題日趨嚴重，針對精神健康的醫學層面，也從治療精神疾病發展到今天對心理疾病的預防與鍛鍊，這通常說的即是心理保健。以前，人們都知道身體要鍛鍊，殊不知鍛鍊精神和心理的重要，其實這些都是可以鍛鍊的。中國自古以來就將人分成兩大類：「君子與小人」。俗話說：「君子坦蕩蕩，小人常戚戚。」意指君子的生活恬淡無憂，小人的生活總是感覺不舒服。然而，事實上真正的君子與小人性格特徵表現不是那麼涇渭分明，大多數情況下，每個人都兼具了樂觀豁達和壓抑偏激兩種性格。比如，在現實生活中，有的人在家與在外判若兩人，於心理學認為這種人格並不完整。

健康的心理是具備實際年齡與心理年齡相符的特徵。心理學說指出，人的生長是不斷完善人格的過程，例如：理想、志向、情商、智商，都是在社會生活中不斷進展。健全的人格一經確定就要有自控能力，不該再依靠外界和父母。就像

成年人不能時常表現出小學生的行為準則，那心理肯定不健康。

依世界衛生組織（WHO）的說法，現代人愈來愈進入「心理亞健康」了。這就是忽略精神心理的健康鍛鍊形成之。忽略的原因則是不曾認為「心理健康」的重要。再從現代的生命科學觀點著眼，斷除一切煩惱，從而平衡心態、樂觀地看待生、老、病、死，這對任何人的身體健康都非常有益的，想想以前，長輩不讓晚輩說任何負面的話，認為不吉利，尤其是「死」這個字，只要不小心說出口，肯定要被臭罵一頓。何妨試想一下，難道「死」這個字不說出口就真的能永遠不死嗎？

今日歲月的轉變，現代已經能接受死亡的事實。現代的老人應該是經驗的累積及歲月的無常，現代老人的口頭禪已經變成了「不求好生、但求好死」。雖然觀念轉趨正確，但畢竟比較消極的心態。如今又有改變，以前不接受保險，現在不但能接受保險人員賣保單，「死」不但可談，而且談的很光明正大，所以現在有一種愈來愈多的行業叫做「生前契約」，即是在生前就把往生後的一切問題都幫您規劃好，當人「蒙主寵召」時能沒有罣礙。畢竟，這是每個人總有一天

必須面對的。佛家也很明白地要大德居士誠心正念得面對死亡，人世間藉由這身皮囊生活著、時間一到自然要離開。所以，正確的心理建設對每個人來說都有很重要的認知需求。

佛家認為一切物質的存在都是無常，無我的，只有心靈才是獨立自由，並且能夠得到完整的自我。倘若能保持心神合一，那麼想要達到一般人所追求的「青春不老」就不難實現了，但先決條件就是要看淡或是捨得七情六慾。正如《華嚴經》上說的：「若人欲了知、三世一切佛，應觀法界性，一切唯心造」。就是說：「人能造天堂、人能造地獄；心又能造人、造修羅、造畜生、造惡鬼。人心就是這樣微妙，千變萬化，不離一念，所以說「一切唯心造」。心靈就會開朗健康。

七情六慾多心病

筆者從中醫學至生命科學、再至佛學基本上一樣，都講求心理平衡，假使七情六慾太過則會導致無名的內傷，生出無

比繁雜的疾病，輕者破壞自身健康，重者殘害百姓同胞。在中醫學裡；喜、怒、憂、思、悲、恐、驚，叫做七情，六慾為眼、耳、鼻、舌、身、意，所產生的慾望，它們均影響人體內在不同器官和內在精神活動的調和，是疾病產生病理變化的重要因素。七情六慾是精神活動的一部分，也是人體對外的客觀反應。情慾過度，超越生理調節範圍，就會引起五臟六腑、經絡、氣血功能紊亂而發病。

經文說：「是故怵惕思慮則傷神，神傷則恐懼，流淫而不止，因悲哀動中者，竭絕而失生。喜樂者，神憚散而不藏；愁憂者，氣閉塞而不行；盛怒者，迷惑而不治；恐懼者，神蕩憚而不收。心、怵惕思慮則傷神，神傷則恐懼自私，破 肉，毛悴色夭死於東，盛怒而不止則傷志，志傷則喜忘具前言，是故五臟主臟精者也，不可傷，傷則失守而陰虛，陰虛則無氣，無氣則死矣。」這明示說：「過度思慮、憂愁、恐懼，以及喜樂不節等心理活動，容易發生流淫不止，神散不藏，氣塞不行的病理現象。」

同樣，不同情志變化在五臟中各有相應，如日常所言「怒傷肝」、「喜傷心」、「思傷脾」、「憂傷肺」、「恐傷腎」，就是情慾過度損傷的病態。

《內經》言：「心為肺腑之主，而總統魂魄，並賅意志，故憂動於心而肺應，思動於心，心而脾應，怒動於心而肝應，恐動於心而腎應，所以五臟唯心所使也。」於此，大眾讀者應可完全明白七情六慾所導致的身病，真的僅有「心」藥方能治療。

我想很多好友應該都知道，日本有位國際科學家曾做過一項很神奇的「水」實驗，他把兩個一模一樣的瓶子裝同樣分量的水，一個瓶子貼上寫著「真、善、美、愛」的字條，另一個瓶子貼上寫著「恨、惡、醜、壞」的字條，兩個裝水的瓶子放在同一個地方，一段時間將兩瓶水拿出來，經高深度顯微儀器的觀察，發現兩個瓶子裡的水產生不一樣圖騰，貼著「真、善、美、愛」字條的瓶子水呈現出非常漂亮類似水晶般的樣貌，另外，貼著「恨、惡、醜、壞」的水呈現出來的正好相反，水的形象是非常醜陋、噁心的難看狀態。

提出這例子是要證明兩件事：第一、水是活水是有靈性的，「它」也能有色、聲、相、味，「它」更有心靈悸動，可以感受善惡、好壞及美醜；第二、水的心靈變化與人的血液循環是同樣道理，一個人的心理如果一直擁有慈悲、善良、樂善好施，那他心靈上的美好元素肯定能使其血液循環良好，

因為血液也會有波動及心靈的情緒感應，血液漂亮沒有毒素，身體肯定健康，自然長命活百歲；相反的，一個人如果心裡永遠被七情六慾束縛，老想著把人踩在腳底、處處設計陷害他人、作奸犯科……等，如此之人，其血液接受壞的惡質元素薰染，怎能會有健康的身體，一定經常病痛纏身。誠如佛家經文所言：「一切萬事萬物的來源，唯心所現、唯識所變。」咱們應明白「心」才是宇宙萬物的本體，您說大家是否該好好善待這顆「良心」呢？

第四節

尋回良心、遠離病徵

依佛教觀點來看，人類的身病就是「業」的果報，一切疾病的由來都是妄想和惡業所造成。例如：做壞事的人，一定常覺得惴惴不安、恐懼、猜忌、脾氣暴躁。其生活即會產生暴飲暴食、縱慾貪淫、喜怒無常、憂鬱煩悶、緊張顫抖、時常撒謊、忌妒心強、胡思亂想……等。這些都是因「心」產生的病狀。從佛教醫學來解釋，「業」即「因」，生病便是

「果」，所以，我們當下常說「因果業障」的報應。倘若您不想生病，想避免身痛，那就尋回良善之心，不造惡業，自然會遠離病灶。大家何妨想想經文所言「諸惡莫做、眾善奉行。」

《無量壽經》說：「如見愚痴之人，不種善根，但以世智聰辯，增益邪心，云何出離生死大難。」這段經文講的是種善根、得善果的道理，規勸人們要真正的認識自己，不要總以為自己聰明，實際上那才是最愚痴的。智慧如能與善良結合，則會被稱「大智慧」；如果只是一昧地任性前行，也只能算是「小聰明」。凡是陷入自我當中的人都會覺得自己的小聰明就是大智慧，當他們遇到自己所不認同的人、事、物時就會產生一系列的心理反應，這種心理反應實際上就是心病，它就會引起身病，影響到自己的健康。

《無量壽經》上有一段文說：「觀心要靜觀、靜不終靜、靜中有動、有動非動、造化運旋、觀不熟觀。」這段經文與老子《道德經》說的：「至應極、首靜篤、萬物並作、吾以觀復。」有異曲同工之理，是修養身心的總法則。正是說：靜觀的時候不止心要在，更要求心如止水的平靜，雖說心病難治，其實只要掌握住正確方法與方式就可達到自己預期的

效果。所謂「心病心藥醫」，才能確保身心健康。

　　然而，現代人科學進步，利益慾望太高，很多人已經蒙蔽良心，在研究科學時只為獲利多少，不管後果。韓國曾有位黃姓科學家，原本被公認為南韓的「幹細胞」教父，為了要多拿政府的研究經費，竟然造假臨床研究成果！後來被踢爆，不但什麼都沒有了，還落得一身「臭名」，如果他能按部就班而行，相信他一定是很有作為的科學家。其實，台灣也有類似案例，其中一例出於中研院，有一研究專家為了利，想把某項研究成果占為己有，後來也被檢調起訴，這是很可惜的事。

　　我們應切記，研究科學不能離開人性及倫理，尤其，會造成人性、環境、健康之破壞，千萬要慎思，無論如何研究科學一定要把人性放在科學前面，如果反過來把人性放在科學後面，那這世界一定會毀滅，正如廿一世紀科技進步的今天，科學家如果沒有良心把克隆人（複製人）造就出來，那些沒有道德及因果觀念的克隆人會把整個地球、整個世界變得如何？真不敢想像。但是有個邪教「雷爾教派」，於 2002 年底，在全球無預警的狀況下，突然陷入「複製人已誕生」的風潮，2002 年耶誕節前夕，聲稱全世界第一位複製女嬰已誕生，並

取名為「夏娃」！更可怕的消息是至今已有10位複製人誕生。
不知消息是否屬實？未來人類該如何自主，不但要和AI時代
的機器人爭，更要和複製人爭，這是什麼樣的社會?!只能說：
人心敗壞，惡魔當道。只有找回善良的心靈，才能解此危機
啊！

第五節

善心一念 相信天理 健康祛病

前文提過：「心病還需心藥醫」，病人要想治癒病痛，就
一定要找到病原分析病因，才能對症下藥。佛陀曾開示弟子：
「不生亂想，一其心念。」此「心念」即「善心之念」謂之，
善心之念，可以說是人生的全部。如果不能秉持善念，就很
容易受外在誘惑，干擾走偏人生方向。今日世界上人心極不
清淨，濁惡至極，是非常可怕的，別忘了，不好的心態首先
會影響自身體內的水分、血液，再則影響神經、五臟六腑，
最後組織器官，一定會變得愈來愈壞。個性上也會變得經常
憎恨、斤斤計較、愛發脾氣，久而久之病變加重，各種癌症、

腫瘤、病毒即形成，身心病痛接踵而來。

其實在生命科學的臨床上，世界衛生組織（WHO）曾經在國際醫學論壇報導過，癌細胞本來不是壞細胞，與生俱來在人體裡、本來相安無事只因人心偏頗，才讓腫瘤細胞受到影響，發生質變，全部變成了不受控制的癌細胞，豪奪人的生命。可惜現今還是有很多人不相信，認為迷信之說，但等到有一天真正發生時，就真的來不及了。所以，正如長輩說的：「有錢什麼都買的到，可是千金難買早知道。」由此，應知「慈心善念」才是健康的根本大道。

佛法說：「諸法實現，即宇宙人生的真相。」現代科學已證明想法、說法、作法會影響環境變化，如果人類相信天理、順應天意，自然會有「天人感應」。如果人不相信天理，甘願為私利冒犯天意，一旦發生重大災變時，可能後悔莫及。古代的帝王相信天理，更順應天意，依古籍《清聖祖實錄》記載，為了風調雨順，康熙皇帝告知他所有的臣子，「在我當政 56 年中，我有 50 年都在祈雨，所以每到秋收時均是豐收年。」康熙皇帝的至理名言是：「精誠所至、金石為開，天地一定會有感應。」

相信天理、順應天意的另一位是明朝萬曆皇帝，於 1585

年大旱無雨，萬曆皇帝親率4千多名文武官員到天壇祈雨紀錄，為《大明會典》發佈的訓辭是「天時亢旱」，固然由於他本人缺乏德行，但同時也是貪官汙吏，刻薄小民，冒犯天和的結果，務必改弦更張，斥退惡人，推行仁政。後於《神宗實錄》記載，未到1個月，驟雨連降兩天。

清朝的《世宗實錄》亦記載著雍正皇帝的訓示說：「從來天人感應，治理影響快捷，凡是地方旱澇災害都是人事造成的，貪官汙吏、人心奸詐、虛偽風俗、不夠厚道，這些情況足以冒犯『天和』而招致災禍。當官的人要十分小心，有何官就有何年歲，天道隨人快得很，實在令人生畏。」只是悲慘的都是老百姓。

近代史，中國大陸也一樣，1995年至1961年，3年發生的自然災害，使得大陸前國家主席劉少奇在7千人的大會說：「他」認為的確是「三分天災、七分人禍」。直接告訴大眾，人禍是最大的原因。在後來最大一次災害就是1976年唐山大地震，死亡人數達20多萬人，那次地震相當於400枚廣島爆炸的原子彈，也就是這一年，大陸十年浩劫才剛剛結束。

孔夫子曾言：「人存政舉，人亡正息。」最重要的還是道德。如果，所有官員包括領導人，能夠誠心誠意為人民服務，

不貪贓枉法，不論身在哪個國家，君王也好、民主也行，即使是專權國家也同樣，人民都享福，百姓身心靈都健康自然長壽。同理，如果一個領導人及行政官員自私自利只顧自己，不顧百姓死活，天災地變就緊接而來，百姓之災，國家之禍呀！

看看咱們台灣，20多年來經歷過多少重大災害，從921大地震至前文提到的今年（2024年）4月3日大地震，震出多少問題和傷亡，真的好痛心！「納莉」颱風、「八八水災」、2010年梅姬颱風，這些大大小小不計其數的災害，每次總要奪走不少無辜百姓的性命，是否咱們台灣政府從以前至今一直有著種種「昧著良心」的問題官員？永遠都有官商勾結的情事？真的不止是領導人和官員、民意代表，連同所有人都應該檢討，警惕和反省。歷史記載著：在明朝及清朝所有的衙門大院裡，均有立一塊碑牌，稱「戒石銘」上刻有16個字「爾俸爾祿、民脂民膏、下民易虐、上天難欺」。這個是給所有官員們的戒律，更是警告官吏們──你們衣食俸祿都來自百姓的稅收，欺負小民容易，但天理不容啊！

別忘了自古名言：「善惡到頭終有報，不是不報，是時機未到。」不信者，總有一天會叫天天不應、叫地地不靈，此

時才後悔就真的會來不及了。謹記長輩訓示語：「你一定要相信有神佛，有上帝，就算沒有神佛，沒有上帝，你也沒什麼損失，但如果你不相信，一旦真有神佛、真有上帝，那你將後悔終身。」特別是死刑犯就是到最後才知道錯了、才後悔，但是已經無法回頭了。正如在人權上死刑不見得是好方法，可是死刑犯如果不執行，可能就沒因果說，也等於沒有所謂的輪迴報應了，這是不可能的。

　　最近想起以前和朋友聊天時，有個朋友很愛說「最喜歡與天鬥，也很愛與地鬥，更愛跟人鬥」。似乎「人定勝天」這句話是成功的代名詞，然而，你是否想過，人真能勝天嗎？古人說：「良田千畝、日食三餐、華廈萬棟、夜宿一蓆。」人活著所需其實不多，夠用就好，人心不貪一定心安。多做善事，相信天理，順應天意才能扭轉乾坤，此種變化是很奇妙的，應該就是佛家說的「妙法」吧！如可依此而為當能「國泰民安」、「健康祛病」、「心靈健全」此乃國人之最大福祉。

懺悔是身心靈健康長壽的靈藥（信仰）

　　華裔教授楊振寧的名言：「一粒沙裡有一個世界、一朵花裡有一個天堂，把無窮無盡握於手掌，永恆寧非是霎那時光。」人想健康長壽須把障礙去掉，現代人心浮氣躁，慾望太多，不曾讓頭腦休息，怎麼會不生病呢？《四十二章經》文說：「人有眾過、而不自悔、頓息其心。罪來赴身，如水歸海，漸成深廣。若人有過，自解知非，改惡行善，罪自消滅，如病得汗，漸有痊損耳。」這段經文將「改過」與「病」相提並論，它的大意是說：如果有人犯了很多種過失，但是自己不懺悔，也不趕快滅除自己為惡之心，那麼犯錯一多，眾罪集於一身，就好比百川江河水流入大海，罪愈犯愈多，而累積的罪業就很難自拔了。假使有人犯了過失，而他能意識到自己是不對的，並且能趕快改正自己的過失，努力好好做人，如此，他的過失會漸漸消滅，終至無罪，就好比有熱病的人，服了一劑發汗藥，汗蒸發後則熱從體散，人也就漸漸痊癒了。

　　人若有病，可說是身體不健康，人若有過不改，則是生命不健康。慾望太多的私慾，才造成此種結果。當今社會，不論是經濟蓬勃時期，還是蕭條時期，人類的物質生活品質及慾望是無可非議的，但超出範圍的私慾擴張的確會引發社會問題，也影響身心靈詬病。所謂：「慾」是無底之壑，永遠填不滿，故人慾無窮，煩惱無限，身心皆罪。所以想找出病源重建健康，應該只有宗教的洗禮。

　　誠如基督教友的懺悔說：「主阿！我有罪，請赦免我的罪。」佛教也是教導大眾懺悔，懺悔文說：「往昔所造諸惡業，皆由無始貪嗔癡，從身語意之所生，一切我今皆懺悔。」前文說過，人不健康就是貪慾造成，如何修養自己活在合理的慾望裡，只要肚子餓了有東西吃，冷了有衣服穿，有房子可以遮風避雨，這些已足夠。如果再進一步想要健康長壽，就須思考如何不虛度此生，不把寶貴生命浪費掉，反求自己，勿以惡小而為之，勿以善小而不為。

　　我們都是凡夫俗子，或多或少總難免留戀生命，畏懼死亡，也會樂於所得，惱於所失，但心靈轉折處，已露出善惡法相。佛家要求人「懲治所慾」，找回「本心」，《金剛經》說：「若失本心，即當懺悔，懺悔之法是為清涼。」但為何

以往很多人都說「本心」是赤子之心，更認為是小孩子的心，是因小孩子天真浪漫，沒有被這個世界所汙染，所以，小孩子的心非常清澈且彌足珍貴。可是，事實上又不是如此，小孩子從小就本能地知道搶玩具、爭奶喝，不順其意就故意哭鬧不休，不懂謙讓，這不應該稱為「本心」，這種能夠喚起人類的原始心，絕不是佛家說的「本心」。所謂「本心」應是指人的慈悲善良之心。

前文說《金剛經》教大家：「若失本心，即當懺悔。」那懺悔是什麼？如何懺悔？是否去寺廟燒燒香、拜拜佛，磕頭認錯嗎？當然不是，首先你必須先有宗教信仰。前文說過，不論任何宗教，只要你虔誠去信「祂」均可；基督教的耶穌、天主教的聖母瑪麗亞、回教的阿拉及儒、道、釋三教都可，但筆者參加過的懺悔方法，佛教最為殊勝「祂」讓人真切地認識到自己的「本心」，因被世界上太多的煩惱、慾望、假象所蒙蔽之後，勇於坦承這一切，把所犯的過失向您的信仰真實地吐露出來，並悔過自新。

佛家說：「滅不善因況濁故清，離生死果熱惱故除。」這意為因緣生滅，滅掉不善的惡因，脫離生死的苦果，就達到清涼的境界了。正是佛陀說的：應該持經修行，這樣心便常定、

常淨、常在。《金剛經》也講：就像在暗室之中忽然亮起一盞明燈，霎那間黑暗頓消，懺悔也是一樣，過去的諸般罪業，只要能真心懺悔，那些罪業便永遠成為過去，不會再起波瀾。

　　每一個人來到世間都在不停的「造業」，於日常舉止中都會帶有善惡的行為，這本是很平常的事情。但是，我們往往忽略了善的因，而更為關注惡的果。如同我們每個人都會因為吃藥苦而皺眉頭，卻總是忽略形成病態的原因。這就是需要我們時常懺悔，整理自己日常行為和思想來找到自己的不足。人無完人，是人就難免有過失。有良知的人發現錯誤會立刻懺悔，「懺」是為自己的錯誤與罪過感到痛心，這是清淨內心汙垢的一種方法，而「悔」是表示願意改正所犯的過失並請求寬恕，這是重新改變自我的辦法。

　　據了解，佛教的「懺悔」並非世俗生活中的「認錯」，也不是「後悔」，是對生命和人生進行深入的剖析，這點從前文的《懺悔文》中即可瞭解。佛法教大家的懺悔針對的是因「貪、嗔、癡」所引起的身語意上的錯誤，其中有行為過失，也有思想上的偏差，不過無論身語意方面表現出甚麼樣的錯誤，我們首要明瞭「貪、嗔、癡」的危害，這樣才能算找到錯誤的根源。

那麼，何為「貪、嗔、癡」呢？師父在講經說法時，經常提到「貪、嗔、癡」在佛教中被認為「人生三毒」，前文也提過：「它們能害眾生，壞其善心，故名為毒也」，這是一切痛苦的根源，更是使我們迷失「本心」的亂源。例如：「貪」；平常的表現就是「五慾迷戀症」，為「財、色、名、食、睡」。它們像一根繩，牽著我們的鼻子走。

「為財」，就有假冒偽劣品、詐騙、貪汙、綁票、殺人。

「為色」，就會出賣靈魂，不惜損壞自己的身體，也不惜愧對自己的家人，最後衍生家庭風波，桃色殺機……等。

「為名」，就會明爭暗鬥、阿諛奉承、口是心非、欺瞞社會。

「為食」，就會花大錢三餐大魚大肉，然後就吃壞了胃、抽壞了肺、喝壞了肝，時常病魔纏。

「為睡」，就會有怨天尤人、懶惰散漫，且不惜荒廢大好時光。

相反，有些人該睡不睡，糟蹋健康。應驗古代俗語：「財、色、名、食、睡，地獄五條根。」

「嗔」呢？即嗔恨，好像世間所有的人都欠他，都對不起他似的，總是心生比較；為何他賺那麼多錢，我卻是窮光蛋？

為何別人住別墅洋房，我卻是租小屋的無殼蝸牛？……一個個為什麼？總在牽引生起嗔恨，不知足心。

「貪」與「嗔」，都是「我」的念頭不斷。佛家說：這叫「我執」，「貪」是對喜好過分偏執，「嗔」是對討厭及見不得別人好的過分偏執，這兩者全是「我」在起作用，都是不求事理真相，而迷失本心，這即稱為「痴」，亦統稱「三毒」。佛教中的「懺悔」正是要對這「三毒」做一個徹底清除，要去惡從善、平等慈悲、自利利他、否則人的心靈不健康，身體肯定有毛病。

中國歷史上有一則著名的「年五十而知四十九年非」的故事，乃孔子時代的賢人蘧伯玉，相傳他的每一天都反省前一天所犯的錯誤，到了 50 歲那年仍然在思考前日錯誤。有一次蘧伯玉派人來拜望孔子，孔子向來人詢問蘧伯玉的近況？來人回答說：「他正在設法減少自己的缺點，可卻苦於做不到。」孔子聽了大為讚嘆，高度評價了蘧伯玉的品行。孔子尚言：「聞義不能徒、不善不能改，是吾憂也。」其中「不善不能改」表述的是犯錯不改，孔子說他對此非常擔憂，另一句話「聞義不能徒」的意思是指明明知道什麼是對的卻不去做，孔子將這句話放在前面，顯然是相當重視。因為一個人犯錯不改，

又沒有懺悔心，那就什麼事都敢做了。

「懺悔」一詞的意思為：因過去的罪過或錯誤感到痛心，慚愧是一種良心與道德意義上的自我反省行為。另一種說法是「破惡生善。」「懺悔」的功能約有兩種：一是經過一千次懺悔，便是做了一次自我檢討及自我更生；二是經過一次「懺悔」，便對自己的行為表示全部負責。六祖慧能大師在他的《六祖壇經》中有解釋說：「懺者，懺其前愆，從前所有惡業、愚迷、驕狂、嫉妒等罪，今已覺悟，悉皆永斷，更不複作是名為悔；故稱懺悔。」

佛教的「懺悔」規儀中，較常見的是：《三昧水懺》、《梁皇寶懺》與《金光明懺齋天法儀》，學佛者比較知悉此三本經典的懺悔意義，所以不再敘經文內容。另外相信很多人都念誦過《地藏菩薩本願經》亦是一部懺悔的經文。還有一部更加殊勝的《懺悔滅罪佛經》，其名為《大通方廣懺悔滅罪莊嚴成佛經》，簡稱《聖大解脫經》，據知是念佛禪＜懺悔篇＞所依據的經典之一。所以說這幾部經文，包含累世至現在世，也可能有未來世的所有過失和錯誤。

然而在懺悔本身的一切錯誤外，最主要的體現是在引領每個人的慈悲心，這種慈悲心才是真正健康的「心靈妙藥」。

此從懺悔中引發出的慈悲心，原本普遍在一切眾生。只是慾念蒙蔽，被忽略在人們心靈的某個角落，才會有意無意地發生那麼多的彼此傷害。真要懺悔就要徹底，就要虛心地面對一切眾生，懺悔過去，現在及未來已犯或是可能犯的過失。（〈註〉：學佛者可詳讀《三昧水懺》，因此經對人們學佛及身心靈健康幫助很大。）

由此可知，「反省檢討」也是另一種「懺悔」方式。這些懺悔方式重點並非只是人們面對錯誤過失而採取的自責行為，而是蘊含了自我激勵與自我導引善行的意思。所以，可以明白「懺悔」的目的是自淨其心不復再犯。不論哪個宗教，相信不會讓人常常犯罪，常常懺悔，又常常再犯，那樣懺悔的行為便失去應有的功用。切記，「懺悔」不是不好行為，也就是說「懺悔」反而是一種「心靈的沐浴」，可使我們心靈的種種汙染和穢垢進行一次徹底的洗淨，把所有的錯誤行為，心靈障礙完全抖落，當然我們的懺悔愈深切，愈能洗滌我們微細心念，清清白白，自然所想要的健康妙藥，活化「心靈幹細胞」即降臨您身，您一定要相信懺悔的神奇力量。

請找您信仰的主神「懺悔」囉！

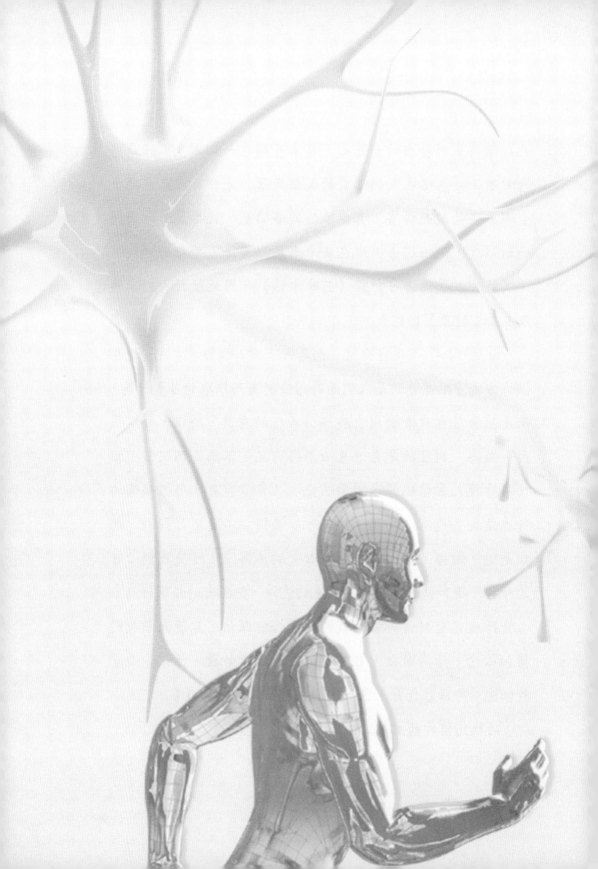

第三章

領悟生命健康從
「宗教信仰」開始

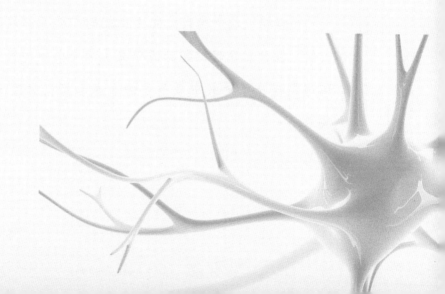

第一節

佛教篇

　　筆者經常和師父聊天，師父說：以身心靈的角度來說，想要心靈細胞活化，不妨「念念心經」、「抄抄心經」。只是很多人會問：心經是什麼？歷史背景為何？對人類有什麼好處跟啟發？更重要的是「心經」我們如何活用，才提升我們的身心靈健康？

　　「心經」是佛教有名的經典之一，又稱為「般若波羅蜜多心經。」

　　標題的「般若」指的是智慧，「波羅蜜多」是指得到解脫的方法，「般若波羅蜜多」是指培養智慧和追求解脫。

　　「心經」最早來自公元 1 世紀的印度，但最後版本是「唐玄奘」在公元 7 世紀翻譯成中文，經文很短，只有 260 個字，但經文包含了佛教中最重要的教義和修行方法，所以是非常深奧的。

《心經》的特點與身心療癒

《心經》特別的地方就是簡潔易懂，但內容卻包含著哲學與禪宗的思想。在簡短的文字裡，竟傳達了佛教最重要的教義，展現佛陀的智慧和慈悲，具有極高的宗教和文化價值。

對於佛教來說：《心經》是修行菩提心及開發智慧的重要工具，因為它闡明了無我、無相、無願、無住……等，佛法真理，能夠引導大眾從執著中解脫，淨化心靈，達到超脫的境界。當然，除了「心經」在道教、儒教、基督教、天主教，甚至回教，在民間的信仰等各種文化傳統中，也扮演著重要角色。近幾年隨著身心療癒冥想的流行，愈來愈多人開始注意到《心經》，感受到它真的能幫助療癒等功效，成為身心健康和心靈成長的重要幫手。

我們來閱讀心經的詳解，看看經文對身心靈健康的重要元素；

觀自在菩薩，行深般若波羅密多時，照見五蘊皆空，渡盡一切苦厄。

觀自在菩薩：觀我自己在菩薩的這一層面上、不受約束地

觀照覺察，就是解脫。

行深般若波羅密多時：深入修行智慧，幫助實現解脫的方法，到了那時。

照見五蘊皆空：感受到五蘊（色、受、想、行、識）的空性，不受到五蘊影響。

度一切苦厄：消除一切苦厄。

此經文的意思就是說：當你不再受到貪、嗔、痴等情緒的影響，也不再受到身體的痛苦，疲勞、疾病的影響，而是能夠平靜地觀照一切，意識到一切現象的無常、無我、空性，並且能夠消除固執者而引起的苦楚，這就是解脫了。

舉個例子：當我們看到一朵美麗花朵時，如果我們執著於它的美麗，希望它長存不衰，而且對它的存在感到依賴，那麼當它凋謝時，我們就會感到痛苦和失落。但是，如果我們以般若智慧的眼光來觀照這花朵，了解它是無常的，它的存在是依賴其他因素而生，而且它最終會歸還於自然，我們就可以擺脫執著和痛苦，而能欣賞它的美麗且不被束縛。

簡單地說：深入修行智慧就是以般若智慧的眼光來觀照事物，幫助實現解脫的方法是運用般若智慧來消除我們對事物

的執著和痛苦，感受到五蘊的空性就是了解萬物都是無常和依緣而生，並沒有永恆和自主存在的實體。所以修行人何妨運用冥想或靜坐，或是去尋求心理輔導……等方法，來幫助個人深入修行智慧，幫助實現解脫。

舍利子！色不易空、空不異色；色即是空、空即是色、受想行識亦復如是。

舍利子：佛陀對舍利佛尊者的稱呼（舍利佛是佛陀的十八弟子之一）。

色不易空、空不異色：色與空本質上是相同的，彼此不異。

色即是空、空即是色：色就是空，空就是色。

受想行識亦復如是：同樣的，受、想、行、識也是如此，它們的本質都是空性。

整句釋譯：物質世界的形色和空性本質上是一樣的，它們彼此沒有區別，所以形色就是空性，空性就是形色，它們之間沒有任何分別或不同。同樣地，受、想、行、識也是如此，它們的本質都是空性。簡述之：這話意是所有事物都是空性的表現，互相依存，貫通，不存在獨立，是存在的實體，這也是佛教中「無我」和「緣起」的核心思想，也是一種超越

二元對立的看待世界的方式。總的來說：「色不異空、空不異色；色即是空、空即是色」的意思就是強調物質世界和空性本質是相同的，彼此互相依存，不存在自己獨立存在的實體。

舍利子！是諸法空相、不生不滅、不垢不淨、不增不減。

舍利子：佛陀對舍利佛尊者的稱呼。

是諸法空相：所有的法都是空的。

不生不滅、不垢不淨、不增不減：沒有生也沒有滅，沒有塵垢也沒有清淨，沒有增加也沒有減少。

這句經文想表達的是一個重要的佛理，即「諸法皆空」。這裡說的「諸法」指的是一切關於「心的一切」、「諸法皆空」表示心中所生起的一切（感受、念頭、慾望、情緒……等）是空的，虛幻不實的。換言之：一切存在都是相對的、依存的，沒有自己本質的存在。這些存在既不生也不滅，不受垢瑕和淨化，也不會增長或減少。

是故，空中無色、無受想行識；無眼耳鼻舌身意；無色聲香味觸法；

是故：所以，因此。

空中無色：空中沒有色蘊。

無受想行識：沒有受蘊、想蘊、行蘊、識蘊。

無眼耳鼻舌身意：沒有眼根、耳根、鼻根、舌根、身根、意根等器官。

無色聲香味觸法：沒有眼根所見的顏色形狀、耳根所聞的聲音、鼻根所嗅的氣味、舌根所嚐的味道、身根所接觸而發生的感覺、意根所對的境界。

整句釋意：在真正的空中，沒有任何形色可言，受、想、行、識這五蘊也都消失了。六根（眼、耳、鼻、舌、身、意）這些器官是屬於物質的組織，但它們並不能獨立存在，只有在各種緣境的作用下才能產生作用。相同的，六塵（色、聲、香、味、觸、法），所有的境界都是遇緣而生，並不具備自己的實體，因此它們也是空的。這是一個關於萬物皆空的重要概念，顯示萬物的存在都是相對的、依存的，沒有自己本質的存在。

無眼界、乃至無意識界、無無明、亦無無明盡；乃至無老死、亦無老死盡。

無眼界：沒有對外面世界的感知。

乃至無意識界：沒有內在的意識活動。

無無明：沒有無明。

亦無無明盡：也沒有無明滅盡的過程。

乃至無老死：沒有老死。

亦無老死盡：也沒有老死滅盡的過程。

整句釋解：是指般若真空中沒有眼界、意識界，也就沒有對外界的感知和內在的意識活動，沒有煩惱的根源「無明」也沒有無明消失的過程。同時沒有老死，也沒有老死消失的過程，更沒有痛苦產生和消失的過程。簡言之：一切都是虛妄無常，毫無實體自性，沒有可執著的東西。

無苦集滅道、無智亦無得、已無所得故、菩提薩埵。

無苦集滅道：放下「苦、集、滅、道」四種心性狀態。

無智亦無得：沒有任何知識性的思考，也沒有什麼東西可以獲得。

已無所得故：在這樣的狀態下，也沒有什麼可以獲得的。

菩提薩埵：菩薩。

整句釋譯：要把「苦、集、滅、道」這四種不好的心境放下，

不要再想著它們，也不要有太多的知識和想法，也不要想著有什麼可以得到的，只有在這樣的狀態下才能成為一位真正的菩薩（解脫狀態）。簡單說，就是要讓心境平靜，不被苦惱困擾，也不要貪圖得到什麼，這樣才能修成菩薩的道路。

〈註〉：

苦：生命中的痛苦和苦難。

集：造成痛苦和苦難的原因和根源。

滅：滅除造成痛苦和苦難的根源，讓人們得到解脫。

道：通往解脫和涅槃的道路。

依般若波羅密多故，心無罣礙；無罣礙故，無有恐怖，遠離顛倒夢想，究竟涅槃。

般若波羅密多故：依據般若智慧的方法來渡到彼岸，達到解脫。

心無罣礙：心中沒有罣礙。

無罣礙故：因為沒有罣礙。

無有恐怖：也就沒有了害怕恐懼。

遠離顛倒夢想：遠離了胡思亂想。

究竟涅槃：實現了完全的解脫。

整句釋解：依據般若智慧的方法，讓自己的心沒有被任何事物所束縛，心中沒有牽掛、沒有恐懼，也就遠離所有的虛妄想法，最終達到涅槃的完全解脫境界。

三世諸佛，依般若波羅密多故，得阿耨多羅三藐三菩提。

三世諸佛：過去、現在和未來的佛陀。

依般若波羅密多故：依照這個修行智慧的方法來修行。

得阿耨多羅三藐三菩提：證得無上正等正覺。

整句釋意：所有在過去、現在和未來的佛陀，都是透過修習般若波羅蜜多法門而得到極高的覺悟境界……阿耨多羅三藐三菩提。所以，過去是這樣、現在是這樣、未來也是這樣，所有得到真正解脫的人，都是依靠這個唯一的方法，將平等心和覺知能力發揮到極致，並運用般若智慧，修行到智慧的圓滿。

故知、般若波羅蜜多是大神咒、是大明咒、是無上咒、是無等等咒，能除一切苦，真實不虛。

故知：所以我們知道。

般若波羅蜜多是大神咒：這個般若智慧修行的法門，是大

神的方法。

是大明咒：是大放光明的方法。

是無上咒：是無上智慧的方法。

是無等等咒：是沒有辦法去比較的方法。

能除一切苦：能去除一切痛苦。

真實不虛：是完全不虛假的。

〈註〉：這個咒並不像我們認知的咒語，可以想成是方法
　　　或法門。

整句解釋：般若智慧是一個極大力量的大神方法，般若大
智是放大光明的方法，般若方法是至高至上，超過一切的法，
是無與倫比的咒語，可以消除一切苦痛，是真實而非虛幻的。

　　故說般若波羅蜜多咒，即說咒曰：揭諦揭諦、波羅揭諦、
波羅僧揭諦、菩提薩波訶。

故說般若波羅蜜多咒：所以要謹記這個修行智慧的法門。

即說咒曰：依法修行。

揭諦揭諦：走吧走吧。

波羅揭諦：一起渡到彼岸去吧。

波羅僧揭諦：依這些法門到達彼岸去吧。

菩提薩婆訶：成就覺悟並功德圓滿。

整句釋譯：所以要謹記這個修行智慧的法門，我們要去依法修行，一起走向彼岸，依這些方法到達彼岸，達到大圓滿的境界，去成就菩提大道。

此段文中筆者將「心經」分段解釋，就是讓大眾讀者更清楚「心經」的含義。於此請讀者多唸「心經」，「祂」的好處是幫助諸位大德身心療癒與健康，如下：

幫助冥想練習：當您專心唸「心經」也是一種冥想的練習，可以幫助提升冥想的效果。

清除妄想念頭：唸誦心經可以幫助清除妄想，提高集中力。

減少煩惱焦慮：唸心經的確可以減少煩惱，幫助減少憂鬱、焦慮和憤怒等負面情緒。

增加內在平靜：唸心經有助於增加內在的平靜和自信，可以更好地應對生活中的挑戰和困難。

增進精神力量：唸心經可以增加精神力量，更有力量面對困難和挑戰。

幫助睡眠：睡前唸心經，可以幫助緩解壓力和焦慮，進而

增進睡眠品質。

改善身體健康：唸心經可以減輕身體的壓力和緊張感，常唸誦有助於改善身體健康。

增進記憶力：隨著心經的節奏和律動，常常唸誦心經可以幫助大腦更好地記憶。

增進人際關係：唸心經可以幫助增進人際關係，減少衝突和矛盾。

開啟智慧之門：持續唸誦心經、理解心經的內涵，可以幫助開啟智慧，提高靈性層次。

提升自我意識：唸誦心經並不斷思考、理解，可以提升自我意識，進而更好地了解自己。

幫助破除三障：心經的深奧含義能幫助人們破除無明，煩惱等三障，走向解脫。

修菩薩心、行菩薩道：心經當中強調的慈悲心和智慧，是菩薩修行的核心，經常持誦心經，可培養菩薩心和行菩薩道。

幫助戒律修持：唸誦心經能累積功德，增加福報，利益眾生。

實現善願：心經中提倡許多慈悲心和智慧，能引導人們實現自身的善願，將內心的正念轉化為實際行動。

心想事成、功德無量：心經的功德可幫助人們實現心願，享受事業上的成功和幸福，獲得無量功德。

增加生命意義：透過心經唸誦，有助於增加生命意義，提高人生幸福感。

消除貪嗔痴：修持心經能逐漸消除貪嗔痴等煩惱，使心境平和。總之「心經」是佛教經典中非常重要的一部經文，對於修行人和大德百姓都具有極大的價值和意義。最重要的是當您真正理解「心經」中心思想，並應用到自己的生活中，您肯定會感受到「心經」對人類身心靈健康元素是非常真實的存在。

《心經》的精神～明白破除執著

我們的生命是有情生命，因為對「有」的認識不足，因而總是在有所得的心態下生活，對于人生的一切似乎都能令人生起執著。

比如在生活中是人都會執著財富、地位、情感、信仰、生存環境，執著擁有的知識，就因「執著」，人們對人生的一切都產生了強烈佔有，戀戀不捨的心態，也給人生帶來種種煩惱。若要解決因為認知上的困惑和執著，慾望所帶來的痛

苦，修習「心經」依靠般若明白破除執著，且在自我修行之時，也幫助他人進修、自利利他，最後，可達至解脫自在。否則在有情生命裡只要執著心，即有牽掛，對擁有的一切產生恐怖，怕失去財富、失去地位、失去權力、失去嬌妻、害怕死亡到來，如果能看透世間的是非、得失、榮辱、無牽無掛、破除執著，自然不會有任何恐怖。

所以前面提到經文「遠離顛倒夢想，究竟涅槃」它的內涵很廣泛，以佛教智慧來看，人類幾乎都生活在妄想中，妄想的產生，無明是根源，慾望是動力，對擁有的執著是助緣。十二因緣中無明緣行，則說明了，人類行善的思想基礎是無明，無明是生命的迷惑狀態下出現的 一切想法，都稱妄想。《心經》對付妄想的絕招是：從照見五蘊皆空認識到一切都如夢幻泡影，不住我相、人相、眾生相、壽者相、不住色、聲、香、味、觸、法相，無智無得、心無牽掛、妄想自然就不會有了。看看這禪詩說的：「南台靜坐一爐香、竟日凝然萬慮忘、不是息心除妄想、只緣無事可商量」。是指平常人打坐時妄想很多，總要通過修觀、念佛或誦咒來對治，而禪者的修行根本不要除妄想，他們已經把這個世界看透了，煩惱也就降伏了，世間沒有什麼東西能讓他們特別感興趣，自然也就妄

想不生，沒有什麼執著。

　　至此，如果真能明白涵意，相信會是身心靈都很健康的人，細胞也會愈來愈活化喔！

道教篇

　　在西方國家除了聖經之外，老子的《道德經》是被翻譯最多的熱銷著作，其獨步千古的思想，令許多哲學巨擘拜服。德國名人尼采曾大加讚嘆：「道德經像一個不枯竭的井泉，滿載寶藏，放下汲桶，唾手可得」。

　　老子道法自然，天人合一的思維看似古老，其實卻與現代許多來自西方的普世價值不謀而合，從崇尚個性自由，國家政府不過度干預和控制人民的自由與權益，至提倡人和自然，和諧共處的環保理念，均可說是震古鑠今。尤其，身心靈的人生修養上更是一道卓越的科學饗宴。

　　在老子五千字的《道德經》為世人引領出的自然之道與人文之路建構出完整宇宙論，重在反省現實人生的困頓，從人

所感官的萬有世界中尋求超越生命。從「形而上者謂之道，形而下者謂之器」。老子開宗明義就將「道」的意義予以闡釋，「道可道、非常道；名可名、非常名。無名天地之始；有名萬物之母」，是對宇宙的本源和生成提出核心概念。只是「道」很難用語言表達清楚，所以「吾不知其名，字之曰道，強為知名曰大」，形上道體既然無形，因此也就無以名之。其實「名」只是定義外在的物象，而「道」則是蘊含人的主題。

老子從對自然現象的觀察，體悟出「道」的原理，「飄風不終朝、驟雨不終日」，狂風暴雨是依循自然之道，終究會消散，最終歸於風平浪靜，雨過天晴的自然常軌。「孰為此者？天地。天地尚不能久，而況於人乎？」即使天地有心有為，但也難期待長久，因為悖離了「道法自然」的形上原理，何況是人的有心有為。所以若對比人世間，老子說：「跂者不立、跨者不行」的寓意，就是踮起腳跟站立，本來想站得高一點看遠，反而站不穩；拉開大步想要走得快一點，反而走不遠，人只要刻意有為，都是適得其反。

從自然現象的觀察到人間的省思，老子哲學思想最關懷的就是往形而上的方向突破。這突破是很無心自然的，人生永遠往上走，叫形而上。由於天道本體是形而上「一切價值的

根源從天而來」，於是老子才會說：「獨立而不改，周行而不殆。」是指天道不依外力而永遠存在，以人來說，就好比能獨立自主，不改初衷；而且道是不停循環運行，遍及人間每一個角落。

「有」、「無」是宇宙與人生的境界，需要透過「無為」的功夫來實踐，而以「無不為」去展現「有」，也就是天地萬物自成天地萬物，人也自成為人而自在自得。所以老子說：「天地萬物生於有、有生於無」的道理即在於此。這也就是說「『無』是一種智慧修養工夫，就是隨時要放下」，能放下的人就無所求，不依靠、不攀緣，而有自信，也才會在走自己的路時，不會中途停步，最後實現自我、提升心靈，達成「無不為」的「有」。

不干預、不妨害的「自然」之道

對於人的生命價值開發，道家期望從有限發展為無限，從「有」的實現返歸回「無」的境界，唯有不受拘束，放下過多道德感與使命感的負擔，才能不對他人生命造成壓迫。這種人本主義于無形中也與天道相契合。「人法地、地法天、天法道、道法自然」。這裡說的「法」其解釋是「不離」，

人離不開天地的乘載、地離不開上天的遮覆、天離不開道體的生成作用，即使道體也離不開本身永恒的自然法則。道體生天地萬物，本身是大，所生成的天地人，也一體皆大。若人人心中有道，且依道而行，不只「道大、天大、地大」，而「人亦大」，何止天地長久，人也可以精神永存。

《道德經》裡的「道法自然」是老子的思想根本，哲學上「道」是天地萬物之始之母，陰陽相對與統一，是萬物的本質呈現。倫理上；老子主張「無為」、「純樸」、「清靜」、「謙讓」、「貴柔」、「守弱」……等因循環自然的德行。政治上，主張無為而治、不生事擾民。人類從開始群居組織成為社會，政治始終影響天下萬民的生活，多數爭端動亂也由此而出。活在春秋戰國的亂世中，老子體悟出有別於治國平天下的原則，不同於當時影響至深的管子之政治經營思想。他嚮往的是「小國寡民」，但依循的當然是「自然」之道，一個全能但可能專權的國家，肯定比無能的政府還可怕。若官方無為而治，天高皇帝遠，天下百姓僅知有政府的存在而已，得以在天地自然環境中自在生活，所以「百姓皆謂我自然」這就是「道家」「無」的智慧，最高的政治理想境界。

因為不干預、不妨害，百姓才能回歸日常。同理「輔萬物

之自然而不敢為」。人類過度發展，干預自然，引來諸多問題，自身反其受害。理應無熟無為，不宰制主導，順應自然。應用「道法自然」的人生理念，我們認為父母養育兒女成長，老師教育學生學習，其實主角是兒女、是學生、父母師長只要陪伴，讓他們能自然發展，走出自己的路。

　　老子思想超越古今，歷久彌新，用於人間，不僅能圓融處事，也是修身立己的「道」。「功成而弗居、夫唯弗居、是以不去」。萬物生成變化而不自恃己能，天地化育萬物而不據為己有。從形上的覺悟，可以體現在人世，功成而弗居，這是「有而無」的人生修養，因為不居功，所以自在放下，就成全「無而有」的生命智慧。最後我們再次強調：「所有人世間的美好，一定要加上「無」才會長久」，因為「人生的缺憾在自己奮鬥一生的好，竟成了天下人的不好。人生的覺悟在只有解消自己的好，才能看到天下人的好。」而這也就是老子哲學思想中動人心弦的生命意境。

道教的身心靈修德養思維

　　道教將人的身、心、靈視為三位一體的整體，了解到道德、心理問題對健康的危害，形成了身體、心理、道德三層面相

關聯的養生觀，強調修德與養生的密切性，在通過致虛守靜的修煉促使修煉者體悟道通為一的真諦，培育慈愛，寬容的美德。在私慾膨脹，人心浮躁、冷漠、敗壞的當今社會，這些正是具有振聾發聵的啟示。

一、身德相養、性命雙修：

　　道教揭示了養德與養生的必然性，強調修身養德是健康長生的前題。甚至將道經直接與各種道德行為奉為去病強身的藥方。如：《道經「崇百藥」》就將「行寬心和」、「救禍濟難」、「尊奉老者」、「內修孝悌」、「清廉守分」、「好生惡殺」、「廉潔忠信」等多種美德善行奉為有益於身心的百種良藥。相反的，日常生活中的不良言行或過惡皆可能導致疾病的產生，如文言：「人有疾病、綿有過惡、陰掩不見，故應以疾病，因緣飲食風寒溫氣而起。」故道教又有＜去百病＞一文，將百種過惡歸納為「百病」，以此引導世人去惡行善。

二、儉嗇寡欲、適情辭餘：

　　道教將「少私寡慾」，不為物累等思想承襲了，又將減色

寡慾奉為生活信條和修煉的基本需要。這是告誡人們節制聲
色滋味等享樂慾望乃是「貴生之術」，人們日益認識到沉溺
豪華奢侈的生活不僅有害於軀體的健康，會引起生理器質方
面病變，而且還會因為貪得無厭的物質慾求而陷入無窮無盡
的煩惱，致自身內在精神生命日益疏離，而引起心理的問題
和疾病。

　　但值得注意的是，道教不是一味地強制壓抑物質慾望和感
官慾望，而是以長生不死為終極價值目標來化解世俗的物慾。
筆者也提示大家，貪圖功名利祿乃養生之大害。從更高遠的
視角來看「爭名於朝」、「爭名於市」的人生百態，因此體
悟世俗之爭毫無意義。這是通過調整價值觀來改變人的需要
結構，是從追求健康長壽這一長遠利益來誘導人們節制奢慾，
這對於無度地追逐享樂和金錢的現代人是有益的警示。

　　由此可知，「樹立軀體、心裡、精神」三位一體的整體養
生觀不是現代人的詮釋，其實從以前的人們就有以此為目標
及宗旨；總之，修身養性，心理細胞活化才會是延年益壽的
重要指標，願讀者了解其意。

第三節

聖經故事

在這節裡，我舉個幾個聖經故事和讀者分享，雖然我不是基督徒，但我也常看聖經故事，願和大家一起探討了解「耶穌基督」的精神；

一、

有個青年人請教耶穌：「做什麼善事才能獲得永生？」

耶穌說：「要想得永生，就必須遵守上帝的誡命、不殺人、不奸淫、不偷盜、不做偽證、孝敬父母，並愛如己。」

那個年輕人說：這些年我早已遵守了，還要再做什麼呢？

耶穌告訴他：「你去變賣所有的產業救濟窮人，把財富積攢在天上，此外，還要來跟隨我。」

年輕人聽後便垂頭喪氣的走了，因為他非常富有，耶穌事後對門徒說：「有錢人進天國真是難上加難啊！我告訴你們，駱駝穿過針眼，比富人進天國還容易呢！」

生活中很多人就是如同故事中的年輕人，渴望為達到名與

利而從事一些所謂的公益善行，而當他們完全意識到為了達到更高層以上的個人幸福要拋棄所有財物，他們就難以接受了。殊不知每一個渴望走進自我心靈天堂的人，恰恰需要一顆不求回報的心。只有當你不帶著私慾去行善時，你才會體驗到最大的人生快樂。

《聖經》〈箴言〉對潔淨的人來說，一切都是潔淨的，對污穢和不信的人來說，沒有一件東西是潔淨的，因為他們的心地和良知都是污穢的。

二、

耶穌時代、耶路撒冷的街市上常有乞丐向路人乞討，渴望得到施捨。一些假冒偽善的法利賽人乘機炫耀自己，利用濟貧大吹大擂、高聲張揚，故意嘩眾取寵。

耶穌對這種行徑十分反感，便告誡門徒說：「救濟窮人的時候，不要大吹大擂，像那些偽君子一樣，在大庭廣眾面前自我宣傳，以博取人家的稱讚。切記！你們行善時要暗地裡進行，右手所做的不要讓左手知道，這樣，你們的「主」就會賞賜你們。

耶穌明確說：你們的善行要默默地進行，甚至不要看你自

己的功德，要以一顆平常心去做那些助人為樂的事情，千萬不要因為做了一些好事就產生驕傲心理，否則就玷污了這善的行為。

《聖經》〈箴言〉：正直的人要像棕櫚樹一樣茂盛，像黎巴嫩的香柏樹一樣高大，至年老之時仍然結出果實，枝繁葉茂，常綠不衰。

三、

耶穌在傳教時講了一個比喻：有個財主衣飾華麗，生活奢侈；他的門前躺著一個名叫拉撒路的乞丐，身上長滿膿瘡，靠吃他人拋棄的食物碎屑充飢。後來，拉撒路死了，天使把他帶到始祖亞伯拉罕的懷裡；不久，財主也死了，卻被人埋在土裡，財主在陰間極受痛苦，抬頭看見拉撒路正在亞伯拉罕的懷裡，即叫到：我的祖宗「亞伯拉罕」啊！求你可憐我，打發拉撒路蘸點水來潤潤我的舌頭吧！我在這火中實在是苦極了。

亞伯拉罕說：孩子，你一生窮奢極侈，拉撒路卻受盡苦難，因此他如今在這裡得到照顧，你卻要受到折磨。你我之間有一道深淵相隔，阻止這邊的人到你那邊去，也不讓你那邊的

人到這邊來。

拉撒路死後躺在亞伯拉罕的懷裡，這是表明受到特別照顧的意思，懷裡是溫暖的地方，是親近的地方，這個窮困一生的拉撒路，至死沒有放棄信仰，沒有質疑上帝公平何在。上帝就通過亞伯拉罕懷抱有福的拉撒路，表明上帝對信仰祂的子民的眷顧。

這個比喻意在宣揚「今生受苦，來世享福」的基督教教義。宗教的啟示是：「人活著的時候應更多地顧及我們身邊那些受苦難的人，不要等到臨死才為自己一生的貪婪、自私而後悔。」

《聖經》〈箴言〉：惡人的子孫不會興旺發達，他們如同企圖在石頭上扎根的植物，如同河岸上的蘆葦，比其他任何植物都先枯萎。

四、

施捨是對窮苦人無償地給予物質上的幫助。《聖經》上說：出于良心對窮人施捨不僅是善事，也是應當履行的天職。《聖經·舊約》認為凡施散的就更增添吝惜過度反至窮乏。好施捨的必得豐裕，滋潤人的必得滋潤。施捨而不吝惜的即屬義

人。義人施捨錢財，周濟貧窮的美德必將永存。

《聖經‧舊約》認為，施捨要出自內心，不能沽名釣譽。富者生前奢侈而不施捨，死後必受苦難。

耶穌告誡門徒說：你施捨的時候，不可在你前面吹號。要變賣你的所有去救濟人，為自己預備永不壞的錢囊。

正因為你有，你就可以施，就如因為別人需要才要受。但是請記住，不管我們給予他們什麼東西，我們都必須滿懷愛意地完成這一行為。

人們意識到自己不能滿足自己的所有需要，必須依靠別人幫助自己才能得以生存。于是，在人們心中就會出現一種每個人都會具有的天然傾向，即都會出現內疚，出現一種隱藏著的自我責怪。因此，人們就會強烈地感受到一種他們無法償清他人債務的負債感。在這負債感的指導下，人們就能把大量的愛和謙卑給予他人。

《聖經》〈箴言〉：不可做別人在黑暗中所做的無益的事，倒是要把這種事揭發出來。暗地裡所幹的勾當，連提一提都是可恥的。當一切事情都被公開出來的時候，真相就顯露了，因為任何顯露的事都會成為光明的。

五、

　　約伯是烏斯人，為人正直、富有愛心、敬畏上帝、遠離邪惡。一天魔鬼撒旦混在天使中朝見上帝，上帝誇獎「約伯」是世界上最好的人，從不犯罪。

　　撒旦說：你待他這麼好，他怎能不敬畏你？你若毀掉他的財富，他還會虔誠嗎？于是，上帝派遣撒旦去考驗約伯。

　　災難很快在約伯家中降臨了，居住在阿拉伯西南部的示巴人搶走了牲畜，殺死了雇工，天火燒死了羊群和牧人；迦勒底人搶走了駱駝和僕人；狂風颳倒了房屋，把約伯全部的兒女都砸死了。「約伯」雖痛苦不堪，卻未因此而埋怨上帝。接著，撒旦再次考驗約伯，使他從頭到腳長滿毒瘡。

　　他的妻子問他：「你仍然持守你的信仰嗎？棄掉上帝，死了算了！」約伯說：「你說這樣的話簡直是愚頑透頂，難道我們能從上帝手裡得福，就不能受禍嗎？

　　直到此時，約伯仍然說話謹慎，耐心等待著上帝的公正回答。

　　克制自己是成功的基本要素之一。太多的人因自身惰性而

不能克制自己，不能把他們的精力投入到他們的工作中，完成自己偉大的使命。也許，這一點正是上帝之所以欣賞約伯的主要原因吧！這也可以解釋成功者和失敗者之間的區別。

由此特別告知青年人即使有再大的苦難，也要克制住自己。請相信：能夠駕馭自己的人，比征服了一座城池的人還要偉大。

《聖經》〈箴言〉：當你溫飽之時，要想想飢餓是什麼滋味；當你富有之時，要想想貧窮是什麼滋味。

六、

耶穌傳道時講了一個故事：

一個人有兩個兒子，這天小兒子對父親說：「請你把我的那份家產分給我。」於是他父親把那份產業分給他，過沒幾天小兒子變賣了家產，收拾行囊出門遠遊去了。他終日花天酒地，揮金如土，不久就陷入困境。他只好投靠當地一戶人家，為主人放豬，餓得發昏時，他恨不得把餵豬的豆莢拿來充飢，但連豆莢也沒有人給他。他終於醒過來，心想：「在家裡我父親的工人糧食充裕；現在，難道我要在這裡餓死嗎？」

於是，他便啟程回家。父親見小兒子回來了，非常高興，就讓人宰了最肥的牛犢，擺設宴席，大事慶祝。大兒子見狀很生氣，說：「父親，我多年為您勤勞工作，從不違背命令，可您從未給過我一隻羊羔，讓我和朋友們一起快樂。但這個在妓女身上傾盡全部家財的不孝之子一回來，你倒宰了最肥的牛犢，為他設宴？」

父親慈祥的說：「孩子啊！你一直在我身邊，我所有的一切已經是你的了。我們實在應該要為這個回頭的浪子歡喜快樂，因為你這個弟弟是死而復活，失而復得啊！」

後來西方人用「回頭的浪子」喻指「悔過自新的罪人」。

浪子回頭故事，因耶穌的講述而流傳久遠。而這個故事似乎給人留下一個偏愛幼子的父親印象，這種偏愛不正是慣壞後代的禍根嗎?!

其實，合理的解釋是，浪子的故事原本表達的是神對悔改者的態度，即神的愛，雖然普照在所有人身上，但照在罪人身上則更為溫暖。然而，人是像河川一樣不斷在流動在變化，人並非每天都以同樣的面貌存在，人是有各種可能性的，傻瓜可能變聰明，邪惡的人可能變善良的人，反之亦然，這就

是人的偉大之處，因此我們不要輕易去判斷一個人的品行是否優劣，也許在你下判斷時，他已經變成另外一種道德品行的人。

《聖經》〈箴言〉：你們要除掉一切怨恨、衝動和憤怒。不要再喧擾或誹謗，不要再有任何仇恨。要以親切仁慈相對待，彼此饒恕。

七、

耶穌與其門徒彼得、雅各、約翰從黑門山下來的第二天，耶穌的門徒給一個患癲癇病的孩子驅鬼，卻趕不出去。孩子的父親跑來跪在耶穌面前，求他憐憫那個孩子，於是耶穌為孩子驅鬼，很快，孩子的病就痊癒了。

這時耶穌的門徒暗暗問耶穌說：「我們為什麼不能趕出那個鬼，而您可以呢？」

耶穌頗為感慨地說：「是因為你們的希望太小，信心也小，還缺乏完整的愛。我實話告訴你們，你們若有信心像一粒芥菜種子，就是對這座山說「您從這邊挪到那邊」，它也必然會挪過去的。

耶穌是憑藉堅強的信念，最終治好了孩子的病，他幫助人們克服了人生中的困難。

希望、信心與愛，這是生活中的三大主題，也是愛的世界所包容的三種境界。對未來、對自己、對我們所期盼當中的愛，哪怕是生活中的每一個環節，我們的理解、價值觀，我們的事業，所需面對的現實問題，尚有友情、親情、同事、同伴、生活周邊的一切一切，都可以歸結為以愛為主題。多一份愛，生活也多一點溫馨，世界也多一份關懷，每個人就會多一點希望與信心。

切記！這個「愛」，不僅僅是男女之間的愛情，「愛」它包容著一切，是發自內心的一種熱量。它能夠溫暖到他人，給人以力量與激情，並分享一生的美麗、壯闊、斑斕。擁有希望、信心與愛的人一定更加不負眾望。因為只有選擇積極前進，未來才會更加美好。心靈力量自然靚麗，細胞也會跟著活潑漂亮。

《聖經》〈箴言〉：你相信什麼，就要堅定不移；你說過什麼，就要言行一致。

八、

　　耶穌曾對人說：「我們到這個世界上，沒帶來任何東西，我們又能從這個世界帶走什麼呢？因此，我們有得吃、有得穿，就該知足，那些想發財的人便是掉在誘惑裡，被許多無知和有害的慾望抓住，最終必會沈沒毀滅。不要為生命憂慮吃什麼、為身體憂慮穿什麼。因為生命勝於飲食、身體勝於衣裳。」

　　有一位文士被耶穌感動，對耶穌說：「我對您萬分敬仰，您無論往哪裡去，我都要跟從您。」

　　耶穌告訴他說：「狐狸有洞，天空的飛鳥有窩，我卻沒有枕頭的地方。」

　　文士體會到「仁義者」，為民奔波，有志者四海為家，耶穌執著的傳道精神難能可貴，他的確「沒有枕頭的地方」。

　　每個人從小學開始，我們至少 10 多年的讀書時光，我們一直在學習，長大了、畢業了，又為工作而努力，它們像一串路標讓人不停地往前奔跑，然後消耗著我們的生命。但，切勿悲觀地把自己當成機械無味的齒輪運轉。

　　人生當然需要奔跑，但奔跑中，總該有一分從容，踏實的幸福感，我們懷念昨天的美麗，又憧憬明天的燦爛，但今天這窄窄的夾縫，才是需要真實把握的生活。

　　要做到不被塵世煩惱所束縛，只有適可而止，知足常樂。放棄為物慾所驅使的人生，忘記心中空勞的牽掛，珍惜眼前的幸福，這才不枉空活此生。

　　《聖經》〈箴言〉：不要覺得你必須吃盡一切美味。對任何食物都不要貪得無厭，如果你吃得過多就會得病，如果你長期這樣就會經常胃疼，貪得無厭會給人帶來提早死亡，不貪吃的人活得更好、更長久。

　　〈註〉：幾千年的《聖經》這部古老經典，吸引眾多學者專家，從不同的角度來詮釋，是一部美化心靈，提高自身修復的警示之作。在《聖經・新約》中就有這樣一段話：「你想人家怎樣待你，你也要怎樣待人。」這是做人法則，又稱作「為人法則」，幾乎成了人類普遍遵循的處世原則。更是一般人行事為人的指南。多讀多看，必有益處。於此，筆者想說的是：選擇幾則聖經故事是希望讀者都能明白耶穌的「大愛」，更能明白以耶穌的「大愛」分散給全人類更多的諒解、

寬容和愛，因為這是善的、美的，也是純潔的。多一分愛給那些貧苦的人，多一些思考給這個繁雜的世事，多一分力量給整個世界，人的心靈世界會變得更加靚麗，這個世界就會大不同。引用《聖經》中的一句話：「不可離棄忠誠心事，要把他們繫在你的脖子上，寫在你的心坎裡。」如果人人這樣做，大家都會喜歡你，朋友會愈來愈多，也會很快提升個人魅力。

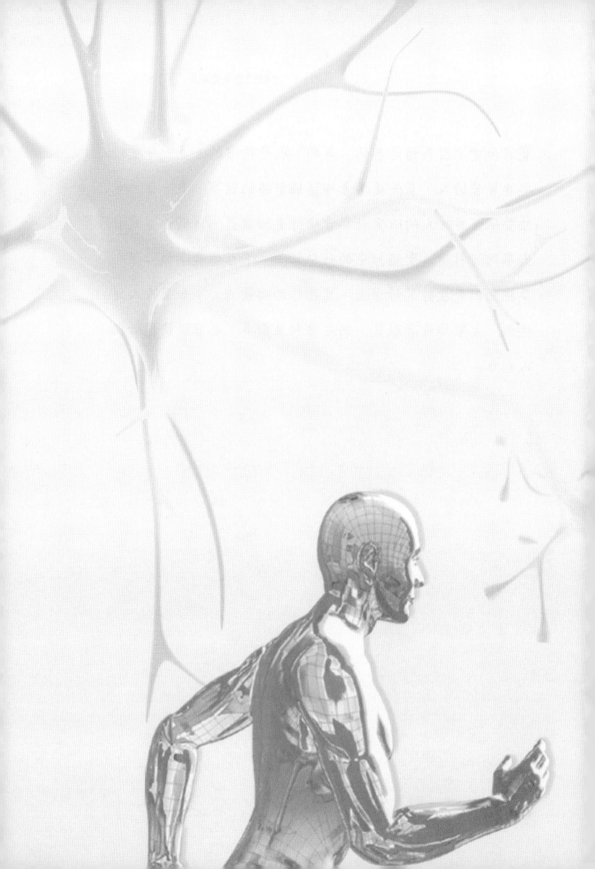

第四章

創建生命的奇蹟

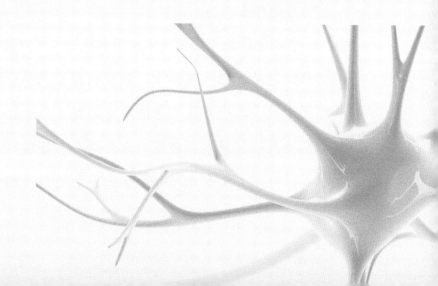

第一節

人從何來？欲往何去？

　　筆者記得在國一時，曾經被那時全國體育總會選上乒乓球儲備選手，當時還沒有左營訓練中心，全國被挑選出來的儲備選手都集中於中央大學集訓。有個晚修時間，有位心靈老師和大家做心靈建設課程，最後剩下 30 分鐘時，老師和學員做問答交流，開放給大家發問，大概問了 3、4 位後，就沒人舉手了。一片鴉雀無聲，那時的我是個非常內向的學生，卻不知哪來的勇氣就舉手問老師：「請問老師，人從何處來？欲往何處去？」頓時來自全國參與訓練的上百位同學，全部對我投予納悶的眼光？我滿臉漲紅，覺得全身發燙，那種感覺至今還印象深刻。

　　老師也停頓十幾秒，示意讓我先坐下。以我後來的回想，老師應該是在想一個國中一年級的學生怎麼會問這種問題。經過十幾、二十秒後，老師緩緩的說：「依你的年紀會問這種問題我很驚訝！坦白說，你的問題不好回答。但是記得春秋戰國時期，至聖先師孔子曾回答他的弟子類似的問題。」

孔子說：「不知生，焉知死也！」孔子的意思是說：我都不知道你生從哪裡來，又怎知你死往哪裡去」。老師後來說：「你年紀尚小，只要記住，好好訓練、好好學習，未來你可以從身心靈的方向去鑽研。」

其實，老師這段話對我影響還挺大的。我對文科與玄學愈來愈感興趣，當時沒有電腦3C可查，所以經常去圖書館、書局、書報攤、看書查資料。後來慢慢察覺「人從何來、欲往何去」？這幾個字是自有人類文化以來，就一直困擾著無數的思想家、哲學家及科學家。不少人窮其一生努力在探究生命的起源，急欲解開這個謎題。雖然千古以來佛陀和歷代悟道的禪師道出過原委，卻又不易讓人所了解。古人云：「齊生齊死、齊貴齊賤；十年亦死、百年亦死、仁聖亦死、兇惡亦死；生則堯舜、死則腐骨。生則桀紂、死則腐骨、腐骨一矣，孰知其異？」由於從歷史堆疊下來，對「生命」都所知不好，因此有人把人生歷程看成「來是偶然、去是必然、盡其當然、順其自然」。也有人說：「人是在無可選擇的情況下接受了生命，然後在無可奈何的條件下度過了生命，最後在無可抗拒的爭扎下交還了生命。」

然而，一個真正有智慧的人，應該懂得尋找生命的根源，

佛家說：生命是緣起而有的，也就是指由很多的條件因緣合和而有不是單一存在，更不是突然而有。所以，佛教說：生命的流轉，是無始無終的「生死輪迴」。「百界千如」亦回應說：每個人的心都具足十法界，每個法界又都具有「十如是」，所以「百界」，「千如」都在我們自己的心裡，依空間來說是「橫遍十方」，當然就能「心包太虛、量周沙界，宇宙萬有的根源都在我們心中。」正如一個人的生命，雖然在中陰身時不得不受生、已生不得不變老、已老不得不生病、已病不得不生亡、但在生老病死的不停流轉中，我們的「真心卻是圓成周遍，恆常不變的」。

所以，世界或許可以毀滅，而我們的真心不會毀滅；生命的形相雖有千差萬別，生命的理性則是一切平等。只是凡夫在分段生死中，一期期的生命因有「隔陰之謎」，也就是說：換了身體就不知道過去的一切，致使長久以來生命之源眾說紛紜，莫衷一是。而生命本來就沒有所謂的起源與終始，生命只是隨著因緣而有所變化，隨著我們的業力而相續不斷，至此，只要我們針對宗教的緣起性空，三法印、業識、因果等義理能通達明白，則「人從哪裡來，欲從何處去，即不問自明了」。終究要從「我是誰」的探索而起！

《菜根譚》曰：悟無常，可以改變自己，悟煩惱，有如空華水月，悟生死，勇於超脫輪迴。

第二節

重建生命的不可思議

　　從本章第一節開始，筆者以自己國一時的一個問題就在探索尋找「我是誰」的答案，亦探索了人與世界的關係。其實，我想很多人都一樣也在深度追問什麼是現實本質。近幾年來，科學家已經學會用新的角度看世界，例如：我們現在知道原子不是獨立的小東西，而是宇宙能量的表達形成。分離的宇宙從未真的存在過。每件事都相互關聯著，我們和恆星及一切創造物都有關係。

　　科學界也已承認，世界不只是物質的，也是一種思維狀態，就像人類的生命健康不是只要機體健康，而是更需心靈豁達，恰似「宇宙看起來較像一個偉大的思維網路，而非一個偉大的機器」。如「英國物理學家詹姆斯·杰恩斯爵士」寫道：「探索創造物的意識是科學的新前沿，然創造物的基本

　　材料不是原子，而是「愛」。這種愛不是一個多愁善感的東西，它是一種情感，更是生命之舞背後的創造原則。它是集「普遍」、「智慧」、「善意」的。畢竟「愛」才是我們生命的真正本質。所以探究原由就一句話「你愛生命、生命愛你」。

　　筆者在眾多演說中經常以「生命是一面鏡子」為題，讓它映照我們與自己的相連性。因我們看見的不是對象，而是自己。所以世界映照出我們的基本真理是「我們值得被愛」，卻也映照出我們的基本恐懼，「我們不值得被愛」。然而，當我們遠離心靈不愛自己時，世界就會是一個黑暗孤獨的地方了。

　　所以，我們換個思維，如果你沒有從一面鏡子的啟示中，來「肯定自己的生命」，那生命也不會評判你或責備你，最後受的是自己心裡的苦，別人也可能會傷害我們。那如何能「傾聽內心深處的喜、怒、哀、樂呢？」所以要重建生命的不可思議能量，不是只要一切符合你的思想，而是要超越你的思維。因在心海羅盤裡，生命的心靈細胞總是試圖引領我們，支持我們，啟迪我們，必須來幫助你跟隨你，讓你喜悅，過你熱愛的生活層次。

　　只是有人會問：「人性七情六慾」不可能永遠在快樂的高

峰處，難免有困境、有障礙，甚至誤入歧途，産生無價值感
及罪惡感。此時，讓「情緒釋放和療癒」，會是最有力量的
重建生命之方。

「感恩吧！神聖的靈性生命旅程，生命不是偶然降臨，是
在人生的殿堂中，幫你佔據最好位子，每一個體驗，或好或
壞、或喜或悲、或苦或甜，都提供給你一個允許生命愛你的
美好」。接納時時刻刻的自己。「謹記」祈福世界、祝福自
己使每個人都生活在愛的世界裡，為每個人創造生命的各種
無限可能。

開啟智慧和知識的大門

生命非常簡單，我們只要相信，我們所付出的很快就會有
收穫。從小到大，經過幾十年的生活洗禮，愈來愈相信如果
把意念儲存腦海，總有一天會呈現出來。我們一直認為自己
好，慢慢真的會變好，同樣的如果認為自己不好，就一定會
讓自己愈來愈差。

　　這就是所謂的「波能」，亦是現代科學家所說「量子糾纏」。在心理學指出；我們生命中所有的痛苦和愉快，都是取決於自己的抉擇，人所想的「因」，就會創造未來的「果」，別忽略我們的一言一行、一思一想，都帶有極大的「波能」。對自己製造出來的事、物，千萬不能將過失責任推給別人、責備別人。因為好多人都將「我」作為自己的唯一思考者，當自己的腦海中思維的都是寧靜、和諧喜樂時，將會發現美好同樣存在我們生活中。

　　時常聽人講下列兩句話，大家不妨想想，你常說的是哪句話？

　　每個人都對我別有用心，都不懷好意。

　　所有人對我都有很大的幫助。

　　別輕視這兩句不同話意的力量，它們往往會創造出截然不同的能量。這即是「波能」的力量。

　　從另一方面看，人類的潛意識會接受我們所相信的一切。那麼我們當然要選「所有人對我都有很大的幫助」，作為行為準則。切記！世界只接受我們自己對自己的評價與認同。假使你堅持相信生命是孤苦的，沒人愛你，那麼你的世界很可能真的會活在孤苦和沒人愛，太陽照不到的陰暗處。

相反的，如果你拋棄這種信念，相信「人間處處充滿愛、人人愛你、你愛人人」，那你的世界會變成可愛的人，陸陸續續走進你的生活，你也會發現，你更容易向別人表達你對大家的愛。

「當下」永遠是生命力量的泉源；謹記！每個人生命中經歷的所有事件都是由自己過去的思想和信念造成的。它們由「過去的想法，如昨天、上週、上個月至幾十年前（取決于你的年齡）所說的話決定之」。

然而，過去已經過去了，重要的「當下」我們選擇什麼思維？信念？講什麼話？因為個人「當下」的正能量思維將會創建你的未來、生命力量的泉源，必將於「當下」發揮效能。你思想的是「積極」那希望必將在不久成為事實。

很多人內心深處常有「我也不夠好」負能量心態：常聽到人說自己「我做事不夠好」、「我沒價值」、「我長的不夠帥（不夠美）」。如果人人都這樣想，那你如何能創造充滿愛、快樂、富裕、健康的生活？從某種程度上說，人的潛意識中的主要信念會經常與幸福生活相牴觸，因為無法將二者放在一起，不知何時有些東西就會出錯。

怨恨、批評、內疚、恐懼，是我們生活中四種最壞的習

慣：這四種習慣起源於喜歡責怪他人，卻從不勇於承擔責任。假使大家敢於對自己生活中的每一件事負責，那麼就不會責怪任何人。別人會以某種負面對待我們、其實是我們自己的信念吸引別人以那種行為對待我們。以「量子波能」的法則，當你不再那樣想了，他們就會慢慢走開，彼此即不再有牽絆。

所以，倘若人一直將四種壞習慣抱在心裡，如長時間的「怨恨」會吞噬健康的身體，尤其很容易導致「腫瘤」的發生；把「批評」習慣掛在嘴邊的人，比較會得「關節炎」；而常覺「內疚」的人，總是會想像被懲罰，導致身體多處疼痛。那「恐懼」則會產生緊張，會導致掉髮、潰瘍。這即是我一直在強調「心理建設」的重要，因這和細胞關係重大。切記！心態正向才會活化細胞，病痛便可消除。

改變對往事的態度：常在演講中告訴學員，過去的事都已經過去了，是無法改變，更不可能重來，當有人傷害了我們，而我們卻長時間怨恨就是在懲罰我們自己，這就太愚蠢了！

我常對學員說：如果一直懷著怨恨的人，假使你想健康、長壽，請你現在就應該開始化解怨恨，千萬不要等到快要被醫生開刀時，甚至臨死之前才想化解，那可能太慢了。

寬恕別人的過失，也是在寬恕自己。佛教的「三時繫念」、

「懺悔文」，基督教的「告解聖事」都是很棒的儀軌。

　　寬恕他人，就是寬恕自己：開啟智慧大門，創造生命的力量，「寬恕」就是重要的起步。閩南諺語說：「仙人打鼓有時錯，腳步踩差誰人無。」所以，給人機會就是給自己機會，「化干戈為玉帛」是世界上所有的好事之一，很重要喔！

　　所有疾病都是「怨恨」導致的：每當生病時，也許可以在心裡默默搜尋一下，是否一直懷抱著「怨恨」某個人、某件事。上文說了「寬恕」是最大的力量。自己的傷痛自己最理解，畢竟，自己才是最了解自己的醫生，懷抱「怨恨」時的身體狀況，及讓「寬恕」擁抱時的身體狀況肯定不一樣，體會看看。記得疫情前，我常去大陸演講，曾經有位學員跟我分享，他因聽了我的演講，改變和她老公的相處之道，竟改變身體問題，變健康，也變亮麗，所以，放下「怨恨」擁抱「寬恕」，疾病真的會消失喔！

　　〈註〉：解結、解結、解冤結，解了多生冤和業。洗心滌慮發虔誠，今對佛前求解結。

　　所以在這裡筆者想再告訴讀者們，上文的幾個段落是否發現，我希望大家一定要先「肯定自己」、「愛自己」，當你真正去愛時，很快會發現小奇蹟喔！你應該會覺得生活恢復

正常，健康狀況愈來愈棒，人際關係也變得更加和諧。別忘了「不要再為了任何事情而責怪自己」，請善待自己，讚賞唄！

請讀者們多閱讀這段話：「在我的廣闊人生中，我相信一切都是完美、完整和完全的。更相信有一種比我更強大的力量，每天、每時、每刻從我身邊流過。我一定打開自己心靈讓智慧進來，我明白大千世界只有一種智慧。在這智慧裡有所有的答案，有所有的解決方案，有所有的康復方法，更有所有的新創造，我相信這種力量和智慧，我需知道的一切都已被揭示，我所需要的一切都會到來，在正確的時間、地點、按照正確的順序。我的世界一切都好，一切平安吉祥。」

第四節

身體問題與心靈情緒的密碼關係

當我的教授引領我走進身心靈醫學後，我逐漸相信也發現我們稱之為疾病的東西是我們自己創造出來的。因為身體的任何問題，會因個人的思想和意念反映顯現。如果我們可以

常常靜下心來和自己的身體說說話或傾聽細胞的聲音，你可能會發覺體內的細胞都會對你腦海裡所思所念及所說的每句話做出反應。

心靈科學中證實人不間斷的思維裡會決定身體的動作和狀態，從而會決定人是否健康。例如，經常愁眉苦臉的人肯定體驗不到擁有快樂思維是多幸福的事。看看老人們臉上是否清晰呈現他們一生的思維樂章，想想我們未來變老後，又是什麼容貌。

在接下來的章節裡，我會列出導致身體疾病的負面思維糾纏。以及運用重建「心」思維模式來治癒疾病的宣言。但是並非每個「心」思維模式都可以100％應驗於每個人身上，但～它卻會給我們指引一條疾病原因的線索。然後再把疾病的負能量激素，全然懺悔、化解、交付出去。是真能改變身體問題喔！

一、頭腦：

它代表「我們」。我就是我們給世界出示的東西。當我們頭腦裡的某些思想出了問題，我們就會感覺到「我們」出了問題。

二、頭髮：

代表「力量」。當我們緊張和害怕時，有股力量會從肩膀、肌肉、頸椎往上衝，直到頭頂。頭髮會豎立、頭皮會緊張發麻，當毛細孔被壓迫得很緊時，頭髮會得不到養分而掉髮。而女性開始進入職場時，掉髮的病例會明顯增多。這是由於工作壓力造成焦慮、緊張……等，這是心理因素造成的。所以緊張並非強大的表現，而是虛弱的告白。由此知「放鬆自己」、「集中精力」、「平心靜氣」才會是真正的強壯和安全。那現在即可試試唄！感覺一下，是否不一樣了。

三、眼睛：

為「看的能力」。當眼睛有問題時，通常意味著是否有什麼東西我們不願意看。也許是人自己，或是生活中的事～過去、現在、將來。曾經我們問過一位好朋友，你怎麼那麼久沒有參與聚會呢？好友說：「因為有個很討厭的人，都在那聚會裡，我不想看到他，看到他眼睛會不舒服。我有點驚訝！我說：你為了一個你不想看到的人而放棄其他那麼多位好友，是不是很可惜。

好友說：那也沒辦法，看到他「心火」就會發作，眼不見為淨。對於好友的回答，我只能說：心理影響到眼睛了。

早些年，筆者第一次看到很小的孩子就戴眼鏡，我很好奇是眼睛有問題，還是有其他因素呢？

其實，很多時候當你的眼睛覺得有問題，何妨，冷靜回想是否有很多你不想遇見的人、事、物、眼睛是「靈魂之窗」，不得不在乎，如果真有一些心靈垃圾就清清唄，或許你會覺得眼睛的視力變亮了喔！這是我們都能看到的有趣的情況。

四、耳朵：

代表「聽力」。當耳朵出現問題時，基本上是說在某種程度上不想聽任何事，耳朵不舒服表示你聽不開心的事而生氣，所以在情緒和心靈疏通後，肯定耳朵的問題是會改善。

舉了幾個疾病的例子其實在心靈醫學裡，在在證實人的每種疾病包含內、外科都一樣，跟「心」都有密不可分的關係存在。

畢竟，人的心靈意念會隨著腦部為中心的神經系統與內分泌系統顯露於外表上。假使心靈呈現的即是構成身體細胞反應，那心靈細胞具備實體機能的說法，也就不是空穴來風了。

所以當我們感受到身體不適症出現時，何妨也感受一下自己的心靈是否正被侵蝕所致。

面對自己 重建完整與完美

「身心如一」是國際醫學近期非常提倡的學說，即是將心裡與身體視為一體。中醫學也認為心靈不僅存在腦部，更存在於代表整體內臟的五臟六腑之中。腦部負責我們調節心靈（認知、思維、情感），也控制著我們身體（全身器官），但並不代表身心完全受到腦部支配。事實上，腦部反而經常受到身體影響。例如：傳到腦部的氧氣、血液、營養素、荷爾蒙……等連內臟、肌肉與骨骼及身體各個組織器官，也時時刻刻將自己的狀態回饋至腦部。

當腦部感受到壓力訊息傳遞到身體各組織器官，各組織與器官會隨著訊息產生反應，並且會將身體的不適訊息回傳腦部，腦部接收到訊息又會進一步產生反應，這也就是身體與心靈互相影響的關係性質。

　　所以，我們必須談到壓力，「它」究竟是什麼東西？更精
準地說應該是對生物施加刺激的「壓力源」；分為物理性、
化學性、生物學性、心理社會性……等，各式各樣的種類。
聽到壓力，或許很多人都會想心理方面的壓力，但是有時不
一定是心理先造成的，可能氣溫、下雨、地震也會造成身體
各方面失調。於此，可知各種心理層面的問題不論是自己心
理先造成的問題，或是外在因素造成的，都會因心靈障礙影
響人體細胞的活化與增殖。

　　所以，病由心生是真的，醫科學家研究證實七成疾病都與
情緒有關，相信很多人都有這樣的經驗，在緊張焦慮時，有
人會胃痛、有人會拉肚子、有人頭痛、有人失眠，在在都是
和心理相關聯，於此，再把幾項疾病和心靈細胞有關的正反
兩極論述做個對比，才能讓心靈昇華，改善不健康的各種疾
病：

一、腹部疼痛：

　　心理因素；恐懼、害怕、緊張。正能量思維模式；自己相
信生活，相信自己是安全的。

二、腫瘤：

心理因素；感受到受傷害、被輕視、想報復而產生的思想波動。正能量思維模式；我允許我的思維自由飛翔，過去已過、現在很平靜。

三、意外事故：

心理因素；無法為自己說話，相信暴力。正能量思維模式；丟棄這些情況，告訴自己，我很好很平靜。

四、身體疼痛：

心理因素；渴望得到愛情，可望被擁有。正能量思維模式；我們愛自己、贊同自己，我們很可愛，而且也愛別人。

五、扁桃腺肥大：

心理因素；家庭衝突、吵架，覺得自己不受歡迎，是個負擔。正能量思維模式；放鬆情緒，告訴自己是受歡迎及被深愛著的。

六、衰老問題：

　　心理因素；舊社會信念、舊思想、害怕與眾不同、拒絕當下。正能量思維模式：在每個年齡階段都要愛自己、接受自己，讓自己相信生命中每個時刻都是完美的。

七、酒精中毒：

　　心理因素；「有什麼用」？感到自己沒有用、內疚、不完美、自我拒絕。正能量思維模式；我生活在現代，每一時刻都是新的，自己選擇看到自我價值，愛自己、認同自己。

八、阿茲海默症：

　　心理因素；拒絕按照世界本來的規矩行事。無望、無助、憤怒。正能量思維模式：對自己而言，總有更新更好的方式來體驗生活、寬恕並解放過去，告訴自己體驗快樂。

九、哮喘：

　　心理因素；被愛窒息，沒有能力自己呼吸，感覺壓抑住自己不哭泣。正能量思想模式；我現在能夠安全地自己把握自

己的生活，我喜歡自己選擇讓自己自由。

十、癌症：

心理因素；深深的傷害，長時間忍受怨恨及抱怨。埋藏在內心深處的祕密或憂傷。破壞情緒。正能量思維模式；用快樂及高興的心情寬恕並丟棄過去的事。我們選擇用愛把生活填滿。愛自己、認同自己。

十一、死亡：

心理因素；代表從生活的影視中消失。正能量思維模式；很高興地體驗生活的新層面，一切都安好。

總之，負面情緒肯定會給身體帶來或大或小的疾病，尤其：生氣、悲傷、恐懼、憂鬱、敵意……種種就是身體裡的不定時炸彈。唯有正能量的思維，才能激活更多體內的各種好激素及內啡肽讓病灶遠離。上文僅提幾點「負能量」及「正能量」的對照，想必讀者一定能理解常聽到的廣告詞：「心情好、人不老。」這是真的。

心靈短文：世間有一種愛，叫做「我陪你」，無論多長歲月，人生路上不論走多遠，都要讓心愛的人知道他（她）不

是一個人。真愛的人都是有這樣的一顆心，懷牽絆的心，不
離不棄去愛你最愛的人，不管多久，只要「白頭偕老」，今
生就值得。如果人生如此想必每個人心靈細胞都會綻放光彩。
才能面對自己，讓生命完整與完美，您認為呢？

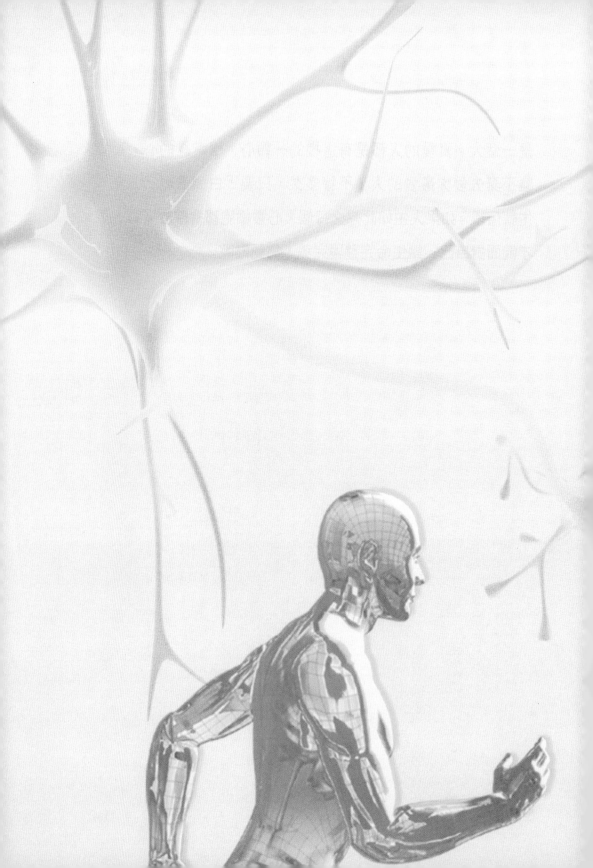

第五章

正能量投資大健康

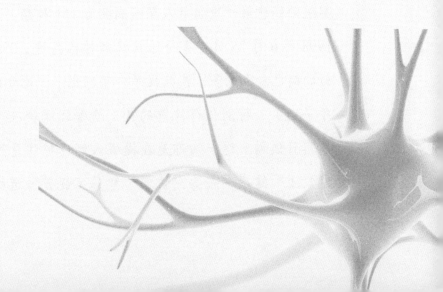

第一節

正能量與大健康的關聯性

盧梭有句名言:「在人類的一切知識中,最有用而了解最少的是關於人體本身的知識」。人類這一大自然的主宰,萬物之靈,本身奧妙無窮。

進入 21 世紀「人類本身」以外,即物質世界的成就就是空前的「上天」、「入地」、「下海」、「鑽洞」、「信息」、「網路」、「基因」、「克隆(複製)」、「納米」、「數字化」對抗「愛滋」、「SARS」和「COVID-19」,使人們在享受了物質成就時卻驚訝的發現人類本身的健康並不樂觀,壽命延長尚不明顯,但疾病種類反而增加,「西元 1893 年巴黎統計協會第一次統計人類疾病共有 161 種類,一百多年後,1998 年 6 月 25 日宣布全球疾病類種已高達 2,035 類」,治不好的病也愈來愈多。疾病提早「年輕化」,死亡也在提前(英年早逝)。特別值得注意的是:隨著經濟發展,心理引起疾病與日俱增。這一切都是在提醒人們應把注意力轉移至自身建設上。健康、長壽、快樂、智慧、靚麗、道德,這些「人

生至寶」才是最重要的。體壯日健、心怡日康，就是指「健康」才是第一位的。

　　人為萬物之靈，「靈」就「靈在心上」。上古蘇格拉底即指出：「美」的節奏與和諧都是由於心靈的聰慧和善良。現實生活也一再告誡：只有發達的四肢，沒有健康的心靈，生命質量就無以提高。「心順處即天堂」，營造人間天堂的主角就是心理。

　　二十一世紀是大健康時代，「健、壽、智、樂、美、德」，人生的最佳境界都要以心理為靈魂，將上述的 6 個字構成一串，才會是人生最美好的彩掛。

　　時代在前進、科學在發展，人們的健康知識也在提升，尤其從早期的「無病即健康」到二十一世紀提出養生的核心為「心理養生」時，人們對養生的觀念，才逐漸開展。

　　何謂「心理」？何謂「心理學」？何謂「心理養生」？先談什麼是心理現象（Mental Phenomenon）是指心理活動的表現形式。能把心理現象分為「心理過程」和「人格個性」兩個密不可分割的方面。而心理現象包括的內容如下：

（一）心理過程：有三個層面——

1. 認識過程（感覺、知覺、記憶、思維、想像、注意等）。

2. 情感過程（喜、怒、憂、思、悲、恐、驚等）。

3. 意志過程（有意識地把確定目的、克服困難、調節和支配自身的行動等心理現象）。

（二）人格個性：

1. 個性傾向（需要、動機、興趣、世界觀等）。

2. 個性特徵（能力、氣質、性格等）。

3. 自我意識系統（自我認識、自我體驗、自我調控）。

　　上文是讓讀者了解「心理」及「心理學」的概括，當要實行心理養生時，才知如何調配及運用。所以，當下人們才慢慢體會到一句話，「健康雖不是一切，但沒有了健康便沒有一切。」只是暮然回首，人們才發現在健康上走了太多冤枉路，於此，方知「大健康」勢必要建立在「正能量的心理上」。只是筆者在眾多的演講場合或學術交流中，和很多學者、專家探討「什麼是健康」？發現答案五花八門，多種多樣，見

仁見智。的確在健康的領域裡，就是學者專家的認知上也有分歧，而且堅持己見，我們彼此做了考證，發現人類對健康概念，依然有不少發展空間。

第二節

大健康時代

追求健康是人類永恆的主題，它推動著人類社會的進步和發展，反過來說社會的進步和生活條件的改善，又為健康提供必須的物質保證，使人類有條件在原來要求得到滿足後，去追求更高的健康水平，兩者是相輔相成的，所以，從健康概念或定義的變更及發展上可知端倪。

（一）健康概念的發展：

（1）古代的健康概念：

遠古時期，人類的生存環境惡劣，生活水平低下，包括醫學在內的科學技術還處於起步階段。當時人們追求及渴望的首先是保證個體生命安全，這種「生命神聖觀」可以理解的

健康思維，就是保證個體生命。那時的健康只是籠統的模糊概念。

（2）無病即健康：

　　1948 年世界衛生組織成立前有相當長的時間，人們發現威脅生命，影響生存質量最直接原因是生理結構和功能異常和其他生物的侵害（如：細菌、病毒、寄生蟲⋯⋯等），致使個體狀態虛弱與疾病症狀，當時形成無病即健康的觀點稱為——要素健康定義。

（3）三要素健康概念：

　　乃生物、心理、社會健康標準。現在社會原本不健康的認知更加深入。1948 年世界衛生組織（WHO）成立宣言中明確指出：「健康不僅是無虛弱、無疾病，而且是在身體上、心理上和社會適應上的完美狀態」之新觀念。過去「夾生」的人認為是脾氣問題，如今看來是這種人心裡有問題，也就是「心理不健康」。所以在新醫學模式，對人們的養生實踐作用是明顯有利，讓人類原本平均不到 40 歲的壽命，提升至 60 歲此稱之為「三要素健康定義」。

（4）四要素健康標準：

20世紀90年代，如前文說的；環境污染愈演愈烈，達到了「地球危機」的程度。生活垃圾及工業發展產生的廢水、廢氣、廢渣排放、嚴重地威脅每個人的生命、健康與環境密不可分。於是在三要素健康概念中又加入了「環境」這一要素。形成了「軀體」、「心理」、「社會」、「環境」四者的協調統一，則稱之「四要素健康標準」。

（5）大健康概念：

人類對健康的需求，從未停止過，在「社會」、「經濟」和「科學」、「文化」的發展下、於跨世紀的思考中，人們又覺得是四要素的健康定義仍不能滿足對健康的全面要求，於是，「大健康」概念應運而生。即要達到「健、壽、智、樂、美、德」之6字人生，才是最佳境界。

一、「健」：

就是什麼都可以沒有，但不能沒有健康，因為我們常說的健康是「1」，排在後面的「0」才有意義。

二、「壽」：

即長壽、增壽或延壽，達到生命應有的壽限（起碼在百歲以上），為長壽。但這僅僅是「夠本」，在此基礎上再延長壽命則稱增壽或延壽，當今「黑科技」的科學日新月異，上述的「長壽」、「增壽」、「延壽」是有可能的。

日前世界衛生組織（WHO）在國際上提出不活一百歲是自己的錯。沒活一百歲，一定是你犯了某個「生活習慣錯誤」。人的一生不可避免的會犯許多錯誤，但生活習慣的錯誤千萬不要犯，尤其折損最大的心理因素，一定要懂得如何調理。

切記！世界衛生組織（WHO）的宣言口號：「二十世紀的健康是提高生命質量，延長生命長度」。「二十一世紀的健康指標給時間以生命、給生命以時間」，讀者們請牢記這句人生箴言。

三、「智」：

就是讓智慧隨年齡的增長而增長，智慧地活著，而不是愈活愈呆、愈傻，大腦的潛力是無限的，人一生中只用了大腦的 5％，愛因斯坦也只用了 7％，關鍵是要善於開發、人們要

學會掌握和發掘大腦的本領,因健腦才能健體、人體的「司令部」出毛病了,也就談不上健康,所以養生的指標亦在於「健腦」。戰國末年,呂不偉即指出「人之老也,形至衰而智益盛」。「智益盛」就是老來更聰明,而不是愈活愈呆、愈傻、愈笨。

四、「樂」:

就是快樂每一天,「快樂地活著」,並充分享受人生的樂趣,善於排遣痛苦,這就是人生的一門學問。

五、「美」:

正式活得靚麗、瀟灑。「羅曼、羅蘭」說得好,人類有一種愛美的本性,這並非是年輕人的專利,中老人亦可持有此亮度,也肯定十分迷人。

六、「德」:

道德健康是高層次的健康(也隸屬於心靈健康的指標)。如孔子的「仁者壽」,也愈來愈為國際所矚目。「德」的養生也有三種層級——

（一）行善：與人為善，做好事，則心裡愉快，大腦會出現 α 波能，即可分泌有利健康、愉快的腦啡肽這是健康激素之一。

（二）善於保養而不生病，這也是一種高尚美德，老人不生病，可讓自己不受罪，家人不受累的快樂，這也是另一種奉獻。

（三）進取之德：不是滿足於「知足常樂」，而是「知足不知足」。

以上「健、壽、智、樂、美、德」6字箴言為二十一世紀人類養生保健最佳元素，更是最佳境界，是自有人類以來，人們就存在著潛在追求，只是被戰爭、災荒，金錢，物慾所衝擊，始終未能被提到首要的課題。新世紀，跨越當下的「心靈黑科技」終於有了實現的條件，這才是人類真正劃時代的進步。

第三節

投資大健康

一、健康也是理財：

　　健康與安全是圓滿無缺的財富。俄國知名作家高爾基（Maksim Gorky）說：「健康是金子一樣的東西」。美國知名心理學家馬爾頓（William Moulton Marston）說：「拿體力、精力與黃金、鑽石比較、黃金和鑽石是無用的廢物」。發明家「愛迪生」說：「健康是人生第一財富」。富蘭克林說得很幽默：「賢妻和健康是一個男人最寶貴的財富」。又說「健康可以換財富、但財富卻換不來健康」。如俗語說：吃的差一點、穿得舊一點、經濟困難一點都沒關係，只要身體健康就是最大的幸福，也是賺錢的根本。所以身心靈都健康才是真正的王道。

二、你會賺「快樂」嗎？

　　從小到大都聽到長輩說：「人為財死、鳥為食亡」，很

多人活在世上都是圖長遠利益，就是被迫之下違心而為。筆者記得小學三、四年級時，跟隔壁一位退休的校長學書法，逢年過節時校長總會在門口擺張桌子，準備文房四寶「賣春聯」。遇到家境較困難的，校長就直接把春聯送給他不收費。當時，我很納悶地問校長伯伯：「您不收錢，那您賺什麼」？校長伯伯笑著說：「主要是賺快樂」。當時的我不了解其意。校長伯伯說：「長大就會明白的」。漸漸的我明白功名利祿或許可以填補虛榮和奢慾，但不能改變心田的荒蕪和浮躁，更不能帶來靈魂深處的愜意和滿足。每個自由、敏感、豐富的心靈都需要那種如涓涓清流般純粹的快樂來滋潤和慰藉。因此我們必須常找快樂和賺快樂。

開啟大健康之門

　　談到健康養生，其實二十世紀人們都陷入了「單因子養生」的誤區，認為採取一種方法就能健康長壽，這真的是非常大的誤導。在二十一世紀的養生核心是心理養生，且正「方興末艾」。當今人們逐漸認識到心理因素所主導的健康從「認知」、「體驗」、「情感」、「情緒」，引發的行為模式，肯定是開啟「大健康」之門的金鑰匙，每個人都有，但必須

拿在手中，而且要會使用。

一個人軀體有病或不適，看得見、摸得著，但心理健康狀態有時則不易看到，等到嚴重時才想要保健可能就遲了，所以要及早預防及早保健。尤其如何保持心理健康，延緩心理衰老是非常重要的。怎麼做？

一、尋找有興趣的事來做：

興趣可促使分泌對健康有益的「愉快素」——「腦啡肽」。美國密西根大學的研究表明；煩惱的工作會導致壽命減短。他們花了 34 年的時間對 2.5 萬個美國家庭追蹤調查，結果表明，一生中主要從事被動、重複工作的人有 1/3 壽命減少 5 年。如果對自己的工作有所控制，壽命就比較長些，所以，做自己喜歡的事，比高薪資更重要是大家肯定的答案。

二、培養刺激智力的嗜好，延緩大腦衰老：

勤奮用腦，尋找樂趣才能永保青春。要注意創造「巔峰體驗」。尤其人的心理活動是以大腦狀態為基礎。特別是堅持「讀、寫、畫、樂」……等，各種思維活動是維持充足血流量的有效措施。國際科學報導，根據老年人自身的情況，提

出退休後應「跳、叫、笑、俏、嘮、掉」的養老法應該會比較健康長壽：

(一) 跳：即多動，不能跳也要多走。

(二) 叫：即大聲唱歌，唱出心中的喜悅或憂傷。

(三) 笑：即多笑，是發自內心的笑、可以多聽笑話。

(四) 俏：即注意儀表打扮，這也反映了內心世界。

(五) 嘮：即多交友、多交談，可活躍大腦，排除煩惱。

(六) 掉：是對原來有地位的人而言，要自動掉價。

三、實行新的動靜平衡：

動靜和諧是生命的基礎更是心態、更是平衡的標杆，老年人逐漸趨向動少而靜多，這符合生命規律，但靜要得法，靜不等於睡覺，或坐著不動，而是要積極地靜、冥想、欣賞、讀書養性，各種靜止性的活動也是靜。

積極參加勞動也是保持心理健康因素之一，因人可以從勞動中獲得樂趣，亦可認識自身的價值，擺脫一些不切實際的憂慮和煩惱，保持良好心態，勞動除了增進健康源泉。如果整日無所事事，對身心健康均不利，也容易換上精神抑鬱症。

四、要有良好的自我意識：如下列幾小項——

（一）需要自知：

即所謂「人貴有自知之明」的意識，要自我觀察、自我認定、自我判斷和自我評價，也就是說對自己要有一個比較充分的認識，即要看到自己的長處和優美，也要看到自己的弱點和不足。

（二）應該自愛：

這必須做到自尊、自信、自強、自制，這些都是自愛的豐富內涵。人的能力有大小，地位有尊卑，在人格面前人人平等，不應妄自菲薄，來維護自尊的形象。遇到挫折，也坦然面對，不悲觀失望，勇于面對生活挑戰。否則失去自信的人，常會有自卑心理，滅自己銳氣，遇事患得患失以至發展成自疾、自責、自損，更加重了自卑感，最終由於心理不健康，導致生理功能失調，罹患身心疾病。

（三）自強不息：

這是獨立人格的基本特徵之一，也是一個人的立身之本。

（四）自我克制：

這是心理調節一個重要取向，也是心理成熟的具體標誌之一，在心理沒有得到滿足的情況下遇到不順心之事時，能冷靜地思考，判斷是非，控制不良情緒的發作和過分衝動，保持平常心，就不致于心理失衡而增加精神壓力。

五、保持良好的人際關係：

「有朋自遠方來、不亦樂乎？」「遠親不如近鄰」，指的是良好的人際交往，給人帶來無窮的樂趣，體現了相互幫助的親密關係。

人與動物不同，人具有社會性，良好的人際關係，可以消除「孤獨感」，得到「安全感」。恰如所謂「一方有難，八方支援」，樂於助人，獻出愛心，也會從中得到一種「滿足感」，在幫助別人時真可體會「贈人玫瑰、手留餘香」。如印度詩人泰戈爾（Rabindranath Tagore）所言：「愛就是充實了的生命」，這種良好的心理狀態無疑能促進心理長久健康的發展。

選對開啟大健康之門的鑰匙，或許你會發現大健康不同於以往的任何健康概念，它是全方位的「完全健康」，最重要

的是一定謹記吃的合理，動靜適度，生活規律香甜及心態穩定，大健康的基準即掌控在自己手裡。

大健康之魂～心理學

首先我們要更清楚什麼是「心理」？即是「腦理」，心理學也稱為「腦理學」。在古代，人們認為心理現象都來源于心，都是心臟活動的產物。孟子說：「心之官則思」，認為思考是心的功能。中國許多漢字以及成語都可看出這種影響，凡與心理活動有關的字，都會帶著「心」字的偏旁，例如：怒、悲、恐、思、志……等。成語中有「心胸狹窄」、「心有疑慮」、「心中大善」……等。直到明代著名醫學家「李時珍」提出「腦為元神之府」，清代名醫「王清任」根據自己的屍體解剖成就和醫療實踐，得出了「靈機記憶不在心在腦」的著名論斷于《醫林改錯》中，把心的概念糾正為腦的功能。但由於約定俗成，今在字面上還未改過來，不過，講到心理在人們的概念中早已理解為「腦理」了。

　　所以「心理」按照論述是頭腦的功能，是腦對外部世界的反應。腦是人的精神、意識、思維活動的中樞。心理即是指人的感覺、知覺、記憶、思維、情感、性格、能力……等。是一切心理活動、心理現象的總稱。「心理學」正是研究心理規律的科學。什麼是心理規律？乃指認識、情感、意志等心理過程和能力、性格的心理特徵。

　　對一件事或一個人，首先要有認識，在心理上稱之「認知過程」。但人們在認知過程中絕不會無動於衷，總要表現出愛和恨、喜和怒、滿意或不滿意等感覺及情緒，這就是情感。特別要提的是人們的認知客觀，世界不只是為了消極地適應它，更要改造它，這認知是有目的，有計劃的意志行動。

　　認知、情感、意志三種心理過程，三個層次各有區別，但又緊密聯繫。一方面情感，意志是在認知活動的基礎上產生和發展的，所以所謂知之深，則愛之切；另一方面，情感又推動認知活動的開展和深入，意志則是自覺地確定目的、調節行為、克服困難以實現目標的心理過程，意志一旦產生，必然會表現為一定的社會行為。

心理學到底是什麼？

　　二十一世紀人類處於科學養生的第三個里程碑，過去是「要健康就要過健康的生活」，現在還要加上「要心理養生就要懂得些心理學知識」，新世紀遇到的心理問題會更多，想真正健康就必須多了解心理學知識，如下：

一、少一些誤解：

　　心理學究竟是什麼？因心理學知識普及不夠，人們對心理學存在不少誤解——

（一）心理學是「算命」的？有中學生對一位心理學家說：「哇！你是搞心理學，我要小心點，免得被你看到我心裡在想什麼。」

（二）另有些人聽到心理學，就聯想起奧地利心理學家佛洛伊德（Sigmund Freud），認為心理學就是要解決人們的心理問題（其實只是一部分而已）。

（三）還有些人認為心理學是指那些心理趣味遊戲（但很多遊戲並不符合心理學）。

（四）也有人認為心理學就是婚姻諮詢、心理輔導，或者

只要是家庭中出了問題便來詢問，此觀念差矣。

二、邁進心理學的門檻：

據說要回答心理學是什麼？要寫厚厚一本書。但我想用比較簡單方式呈現：

（一）心理學是研究人的內心世界的一門科學。

（二）心理學是研究人的外顯行為的科學。

（三）心理學是研究人類思考和行為的一門學問。

人的大腦機制、神經結構，人的記憶、思維、決策、決定、語言發展等都是心理學的研究對象。還研究人與人之間的互動、溝通技巧、人際關係⋯⋯等。所以，切記學習一些心理學知識，是可以幫助你了解自己，把握情緒、增進思考、化解心結。還要告訴大家「心理學是一門實驗科學」。對現代人研究自身問題的科學，目前的研究和應用已受到世界各國的重視，被視為科學的重要科普。法國哲學家盧梭早就指出：「在一切人類知識中，最有用而了解最少的是關於人體本身的知識」。而人類本身的知識對健康、長壽的確最有用。心理學則是其中的佼佼者。

心理養生對健康的影響

一、這裡筆者要舉幾個真實的故事：

美國洛杉磯一家體育館，在一場觀眾爆滿的足球賽中值班醫生接了幾個「食物中毒」的觀眾後，醫生認為飲料有問題而引起的，便通過廣播員通知，喝過飲料的人要當心！瞬間大批觀眾開始翻腸倒肚的吐個不停，有 200 多個人被緊急送到醫院「搶救」。但很快地便檢測出飲料根本無毒，聽著這消息所有病人的症狀便很快地消失了。

另一實例：美國有一位電氣工人，在工作台上碰到一根電線，便當場倒地死亡。經檢查發現這條電線並沒有電流通過，那麼為何會當場死亡呢？原來這位工人的工作台四周都佈滿了變壓電器設備，他一直膽戰心驚，擔心不小心會被高壓電擊斃，在這種心理狀況下，當他偶然觸及了這根無電流通過的電線時，他那平時積累著的強烈「殺傷意念」促使腎上腺突然大量分泌，並進入血液，使血壓遽升，心室顫動，便使心臟停止跳動。

還有一實例：有一位媽媽很緊急地抱著一個嬰兒到醫院急

救，經醫生檢查發現嬰兒怎麼會有「中毒」現象。醫院問這位媽媽：「你給嬰兒吃什麼？」媽媽說：「沒有啊！我不久前只餵他喝母奶。」經醫生追問下，這位媽媽在餵母奶前和老公發生激烈爭吵，由於母親憤怒的情緒導致體內分泌大量毒素。對成人而言，這種毒素的影響不會致命，但對襁褓中的嬰兒卻是非常危險的，這就是情緒心理的因素問題。〈註〉：**美國科學雜誌刊登的消息。**

二、心理因素對健康有哪些影響：

總的來說，心理因素對身心健康的影響有兩方面——積極，良好的心理因素可有效地促進身心健康；而消極不良的心理因素，則會損害身心健康。科學發展人們已找到了身心聯絡的途徑，即神經～內分泌～免疫網絡。人的生理，因生化改變會影響人的心理活動，而人的心理活動變化也能影響人體的生理生化改變。可見「心理」並不是唯心的，是有物質基礎。

在人們的防病意識中，由「生了病才就醫」，到「吃得不好會生病」，到「動得不對會生病」，到現在的「萬病起於心」、「防病先防心」。世界衛生組織（WHO）提出「不要

死於無知與愚昧」，就是要衝擊一個又一個的養生誤區。「不知道」還不是最嚴重的，由不知可以到知，最怕是存在許多偏見，科學有句名言：「偏見比無知離真理更遠」。人們要看到、悟到自己生活中有哪些無知乃至愚昧。如：吸煙、酗酒、嚼檳榔，屢勸不止，是無知其害？還是不在乎？更嚴重的是有了「心病」，也不願說「是羞於還是恥於說出」？不願就醫，恐怕也是屬於此吧！

三、不病即富貴：

從「SARS」來臨時，到「COVID-19」，改變了人們一些觀念，體會最深刻的即是不生病才是幸福，真正的富貴不是有錢，而是沒病，因為不生病才是真富貴。當我們正置身一場「病毒與物質大革命中」，不斷聽到身邊親朋好友倒下的噩耗時，你才會真正了解健康的重要，尤其提早預防更重要，如今 10 歲得糖尿病、20 歲患高血壓、30 歲做心臟支架已滿滿皆是，以至疾病提前、衰老提前、死亡也提前，很遺憾。

在生意場上，賺錢的領域，人們最大的快樂在於征服一個又一個困難、打敗一個又一個敵人，不到輕傷不下火線，重傷也不願放下武器，讓我們來算一算帳；當你健康時，有可

能拼命賺錢，想超越對手，一旦生病了，那就只好退出戰場，自然誰病在最後，誰就是真正的贏家。

第五節

道德健康～心靈的最高境界

　　唐朝藥王孫思邈說：「養生之道、貴在養神；養心之道，貴在養德」，《左傳》言：「有德則樂、樂則能久」。兩千多年前，孔子便認為「大德必得其壽」；孫思邈還說：「德行不克，縱服玉液金丹，未能延壽。」魯迅則曰：「無論古今，誰都知道，一個人如果不時地放縱自己，十惡不赦，即使是天天喝三鞭酒也無效，簡直非蒙主召喚不可。」法國作家左拉（Émile Zola）說：「一個民族如果只要一條法律，那一定是『善良』」。

　　人為萬物之靈，靈就靈在這個「德」字上，一個人只要能時時處處將一個「德」字高高地舉過頭頂，那麼便能將善念轉化為嘉言和懿行，為他人創造一分喜慶，可為社會帶來一縷溫馨，為生活增添一絲綠意與歡樂。

　　善行不一定要有多大資本，關鍵在於愛心，人生在世，只要能樂善好施，以德待人，無論何時面對的都是一個快樂的世界。行善獲樂，樂可長壽。在二十世紀末的「世紀回顧中」，人們不但看到健康與道德息息相關，還把道德納入大健康的範疇裡。這種意念不但在中國提出「以德治國」，在全球也已視「道德」為養生最高層次、最高境界。2500 年前孔子尋找養生智慧，將「仁者壽」這傳統美德當為養生的至理名言。

　　「仁者壽」是儒家道德的三字箴言，那何謂「仁」？孔子說：「仁者，即愛人也。」孟子說：「愛人者、人恆愛之。」現代心理學認為「遵守法規、和於人事、與人為善、樂善好施、多做好事、助人為樂」，可獲內心的滿足。

　　實驗證明：道德的作用不僅是維護社會機體的健康，也關係到每個人的心理和生理健康。北京邵雍說：「始知行義修仁者，便是延年益壽人。」做好事、修善果、良心安定、泰然自若、半夜不怕鬼敲門、愈活愈精神、這是健康首要條件，也為古今那些長壽的健康者他們實踐所證實，「道德」是真正的健康法則。

　　道德健康的真正含義是，為善心悅、助健、延壽，但這還不是道德健康的全部，筆者認為，道德健康，應包括三方面

的內容：為善、進取和祛病。

保持健康不生病也是一種高尚的道德。富蘭克林說：「保持健康這是對自己的義務，甚至也是對社會的義務」。老人要老有所為、便是為自己的健康，善於防病祛病。「WHO」公告，生病實質上是人自己犯了「生活錯誤」造成的，前文提過現在國際上有科學家說了兩句新口號：

「生病是自己的錯」，「不活百歲更是自己的錯」。

高尚的道德可充分促進才能的發揮、心靈的充實可消除身體的不適。格言說：「一種美好的心情比十劑良藥更能解除生活上的疲憊和痛楚」，行善、進取肯定是心靈充實的基石。愛因斯坦說：「智力上的成就，在很大程度上依賴于性格的偉大。」道德可以彌補知識的缺陷，心靈正能量卻可修復身體的病痛。正如雷根總統說的：「美德好比寶石，他在樸實背景的襯托下反而更靚麗」。

切記！道德是永存的，而財富卻每天在更換主人。

人生當你活到 60 歲時，你會慶幸在生命的旅途中闖過一個又一個暗礁、繞過一道又一道的險灘。但請問你滿足了嗎？你還必須要「善終天年」才對，而這「天年」至少是百歲，這是人生最大的願望和權力，只有講究道德養生，從而人生

快樂一輩子的人才可達到喔！這即「心靈最高境界」。

負面情緒～苦惱

前文提到，身體的各種疾病和負面情緒有非常重大的關聯。

抑鬱情緒：

以情緒低、悲傷和失望為主要特徵，常引發出失眠、早醒、興趣減退等症狀，嚴重者會導致自殺。

恐怖情緒：

對某些特殊事物或與人交往時，所產生的不合情理的強烈恐懼或緊張不安，同時會迴避正常行為，並且明知這種恐懼是不必要的，但卻難以自制。

強迫情緒：

反覆出現明知不合理，但又難以擺脫和無法控制的思維、動作，有強迫思維和強迫行動。

負面情緒對身體的不良影響：情緒調節可以減輕焦慮。而負面情緒長期壓抑和哭泣容易引起呼吸系統的疾病；抑鬱會引起支氣管疾病或癌症，不得不謹慎。

按照德國科學家叔本華（Arthur Schopenhauer）的看法，人是千百種需求的凝聚體，痛苦始終是未能滿足和被阻撓了的慾求。畢竟，人生的本質就是一個形態繁多的痛苦，任何一部生活史都是一部痛苦史，這個世界就是個痛苦的世界。德國哲學家尼采（Friedrich Wilhelm Nietzsche）亦認為「求樂避苦是人的天性，人應該有所作為，對任何失敗和挫折都不計較，直到取得成功」。尼采更說：「把痛苦作為一場積極的力量，使用到人生價值的追求中，痛苦就不再是痛苦，而成為人生意義不可缺少的前提。」

其實，苦惱並非完全是壞事，它可以鼓勵人們奮發上進，促使矛盾向對立方面轉換，變苦惱為快樂。人的一生正是在苦惱與歡樂的不斷轉化中度過的。

孔子認為：一個人不應該有過分的慾望和奢侈需求。他說：「君子食無求飽、居無求安。」他讚揚身居陋巷、簞食瓢飲、其樂不改的精神。孟子更明確地提出了「寡慾」的觀點，他說「養心莫善於寡慾。」認為慾望過多，不僅會引起苦惱，

而且會危及自身。

莊周（莊子）則直接主張取消一切慾望和追求。以上的思想各有得失，甚至有些偏頗，但有一共同點：為了理想，為了精神上的平靜和歡愉，必須對物質的慾望有必要的節制。因人沒有物質慾望就沒有動力，社會就不能發展。但誰會排遣悲傷，誰就等於良藥常備，法國作家羅曼·羅蘭（Romain Rolland）說：「累累的傷痕是生活留下的最好的東西，在它上面，標誌著前進的每一步。」莎士比亞（William Shakespeare）亦言：「隱藏的憂傷如熄滅之爐，能把心燒成灰燼。」

俄羅斯歷史學家普希金（Aleksandr Sergeyevich Pushkin）也說：「憂傷會傷身體」。由此可知心病的嚴重性。

法國文學家大仲馬（Alexandre Dumas）有句名言：「人生是一串由無數小苦惱組成的念珠，達觀的人是笑著數唸完這串念珠的。」

愛因斯坦（Albert Einstein）站得更高地說：「一個人的真正價值，首先決定於他在什麼程度上，什麼意義上，從自我解放出來。」

苦惱的產生→苦惱這種情緒總是伴著人們的行為而產生。

一個人總有許多需要，當需要未能滿足時，就產生不安和緊張的心理狀態，這種心理問題便導致動機的產生，即把動機引向目標，使之付諸行動。

所以從「需要」→心理緊張→動機→行為→目標→需要滿足→新的需要⋯⋯。這個過程往返循環，構成了人的全部生活。這種過程往往存在矛盾，既有矛盾，便不可能避免會引起人們心理上的衝突，這就是苦惱產生的根源。必須通過努力，將矛盾解決了，苦惱也就不復存在。

苦惱的危害，有下列幾項：

一、對心靈的危害：

陷入苦惱（煩惱）中的人，首先是心情不佳，缺乏人生樂趣。在一段時間內，總是灰心喪氣、對花垂淚、見月傷情，或者產生強烈的、暴躁式的激情狀態、愛發無名火，任何事情對他都失去吸引力，處於焦慮、煩憂之中、降低了解決問題的能力和對外界事物的敏感性。

二、對軀體的危害：

苦惱通過神經→內分泌→免疫系統對軀體產生危害，交感

神經活動增強，從而引起腎上腺激素分泌增多、血壓升高、心率加快、呼吸加深、血糖上升、尿量增加。苦惱過重而不能自拔會導致神經系統功能紊亂，活動失去平衡，引發其他與心性的疾病。美國在二戰期間有 30 多萬人死於戰場，可同期，因心臟發生問題也奪走 200 萬人的生命。有一數據證實因心臟病死亡的 200 萬人中，有一半是那些牽腸掛肚的家屬，引發的抑鬱、恐懼、苦惱所發生的。

三、使社會適應困難，人際關係不融洽：

總是帶著煩惱不說的心情，去面對社會、與人交往，自己的言行很難擺脫負面情緒的陰影，也就不易被對方理解和接受，必然使自己更加苦惱，進而影響到自己的工作，學習和家庭幸福。

苦惱雖然使人不愉快，但也可能成為情感的催化劑。經常體會苦惱的人，生活中的主動性較高，感情體驗較強烈。人有「七情」、「六慾」，問題是要掌握分寸，該苦惱就苦惱，該快樂就快樂，不要被苦惱壓倒，做自己情緒的主人，要運用理智加意志這個有力的武器。

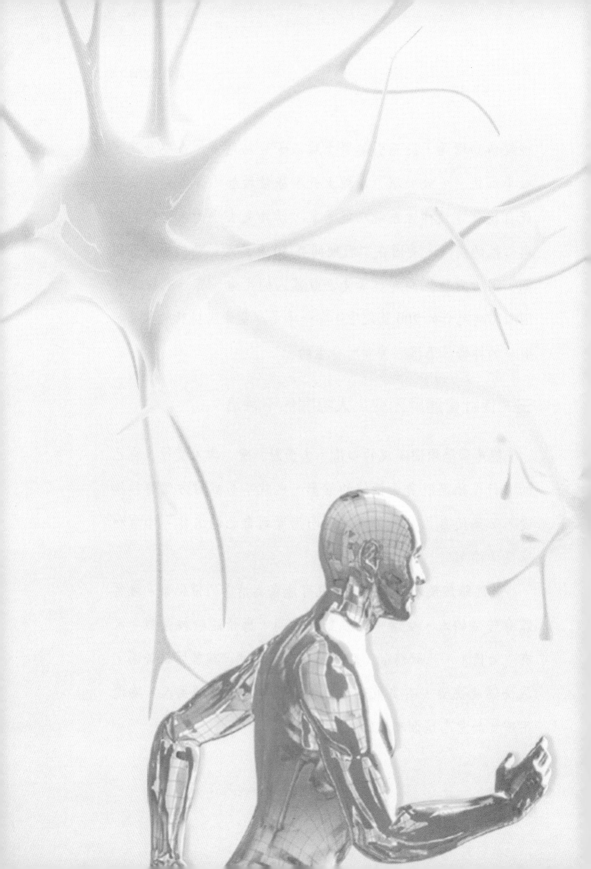

第六章

快樂生健康
健康生快樂

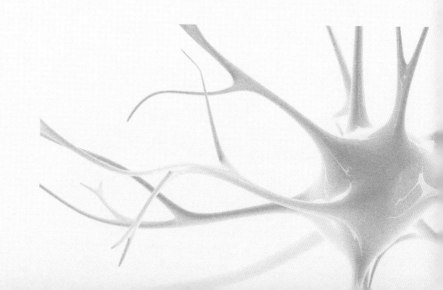

　　孔子說：「知之者不如好之者、好之者不如樂之者」。這句話最適於做學問。人的一生都生活在各種需求中，什麼是快樂？最簡單的答案便是「需要」的滿足所產生的情感色彩。根據日本科學家的研究及眾多的單位考察，人處於快樂、開心時，大腦會產生「腦啡肽」及「多巴胺」，體內會激發「血清素」、「催情素」……等四大快樂激素。這些激素對身心大有裨益，被稱為「長壽波」、「愉快素」。

喜好與快樂～心靈健康的統帥

亞當、夏娃被創造出來時，只知道快樂，沒有憂愁、沒有罪惡感，但被蛇這個魔鬼引誘，偷吃了禁果，便生出許多「心病」；從此後，他們的後代便有快樂，又有不快樂。然而，人們都樂意追求亞當、夏娃原始的純潔及快樂。認為快樂才是人生的真諦，人的確應該天天快樂，時時快樂，如有一分鐘的憂愁，便失去了 60 秒的快樂。當然，若能樂而生趣，甚至達到巔峰狀態則更好。「樂」以下的層次還有「喜」及心理健康的基態，這是健康的「底線」，較之心理不健康，它也很可貴，值得珍惜和精心呵護，但希望它向高層次發展，而不是停留於原態。

快樂是什麼？快樂是一種心理體驗，幸福是更深一層的快樂體驗，只要你快樂，便會產生幸福感。例如：

一對雙胞胎，其中一個做了總裁，另一個做了水管工人，竟然對人生的滿意程度可以完全相同，這說明一個人的幸福感和他的境遇沒有關係。

一個老太太，老到走路不能自如的地步，還堅持到公園的台階上一階一階地往上蹭，她臉上陽光燦爛的說：「這是我每天最快樂的時刻。」

一個操勞了一輩子的母親，不穿金、不戴銀、不吃補品、不當王母娘娘，每天依然辛勞不輟，笑呵呵地說：「全家平平安安，比什麼都讓我快樂。」

一個失業女工說：「誰能給我一份工作，我就快樂死了！」

一個女生表示：「星期天早上能讓我睡到飽，是我最快樂的。」

以上簡單舉幾個小例子，就是要告訴大家，「快樂」每個人都是不一樣的感覺，只要你自己覺得幸福就是，但相信大部分的人都比較傾向不生病、不缺錢，做自己愛做的事，自己決定什麼是自己的快樂就是。對全世界而言，快樂的種類及因素有 60 多億種喔！

尊敬的讀者們，有句格言說：「生活中不是缺少美，而是缺少發現。」快樂基本上是蘊育在幸福裡，快樂幸福是人們對人生的一種體驗，是對生命的一種摯愛，是對快樂心事的一種咀嚼。有句老話說：別人騎馬我騎驢，後面還有走路的。這便是指「知足常樂」的「幸福感」、「價值感」和「滿足感」。

第二節

破譯快樂幸福公式

　　英國科學家聲稱他們破譯了人類最大的一個謎團——幸福的祕密到底是什麼？是有愛情，大筆財富或一份好工作？這些並不能帶來真正的幸福。真正的幸福可用一個公式來概括：

幸福 =P+（5xE）=（3xH）

P：代表個性，包括世界觀、適應能力和應變能力。

E：代表生存：包括健康狀況、財產狀況和交友的情況。

H：代表更高一層的需要，包括自尊心、期望、雄心和幽
　　默感。

　　這是心理學家們訪問了上千人之後得出的答案。大多數人都不知道幸福是什麼？大家只知道：只要有錢、有好車、有大房子就是幸福；但有了錢、有了好車、有了大房子的人，卻並不比其他的人更感覺幸福。

　　心理學家的研究說：學會享受生命，這本身就是一件很好

的事情，因為人的生命並不算很長。公式中不同因素的重要程度，對不同性別的人是不一樣的。被訪問的男性中，每 10 個人中有 4 人表示：做愛讓他們感到幸福；有 3 人說：自己支持的球隊贏了球賽，讓他們感到幸福；而女性中每 10 個人中有 7 人說：她們的幸福感與家庭有關；每 4 個人有 1 人說：減肥成功會讓他們感到幸福。此外，浪漫對男性比對女性更重要，加薪和個人愛好也是。女性則更重視陽光燦爛的天氣。

快樂地活著

2019 年歐盟頒布了一條奇怪的法令：「豬也要快樂地活著」，農民今後需要在豬圈裡放上一些可供豬兒們玩耍的玩具，如果做不到這一點，則會面臨罰款或監禁。據說，給豬準備的玩具將是籃球和足球；英國當局還提醒農民要經常更換不同顏色的球，否則豬兒會玩膩的。更特別的是歐盟的官員們認為：即使是豬也應該快樂地活著。所以，作為萬物之靈的人，更該快樂幸福地活著、不是嗎？

人的確就該快樂的活著：生活中，筆者遇過一件事，在偶然裡碰到一位多年不見的好友，他似乎擁有多種頭銜，滿身珠光寶氣，徽章掛一堆，可謂鴻運當頭，春風得意。但寒暄

過後，卻發現好友的內心與外觀是何等的不相稱，在其心靈的長廊裡，擠滿著苦惱、痛楚、迷惘、乏味，叫人不忍深究，因此，心境實在太重要了！

所以，快樂就是一種心境，是一種感受和體會，它無時不在、無處不有。它取決於一個人的處世態度，與他所處的環境以及年齡、地位、財產無關。相同的人生際遇，折射到不同人的心上，既可以反映出痛苦、煩惱，也可以是快樂。我們深信人世間並不缺乏快樂，因快樂也是多種多樣，有情愛的快樂、審美的快樂，從奮鬥中獲得成功的快樂，從生活的每一個側面都可找到快樂。祕訣在於自己尋找、自己製作，像古代名人顏回那樣，「一簞食、一瓢飲，人不堪其憂，而回也不改其樂」。

大家一定要切記，「快樂」是生活的本質內涵和真諦，是人生中應有之義。只有敢於承受苦難與不幸的人，才能真正珍重生命，讓快樂之根常駐心中。這種快樂和健康別人是不會給你的，通過自己努力得來的快樂，別人也是體會不到的。

第三節

我健康 我快樂、我快樂 我健康

猶記「SARS」時期，來得猝不及防，這來歷不明的「SARS」，就像一位酷厲的考官，它要求層層考試、人人作答。美國最知名的心理治療專家露易絲（Louise L. Hay）告訴人們一個祕密——你心理模式決定了你會得什麼疾病（筆者前文也有概述），從分析中發現如果人的思維方式發生錯誤，肺、支氣管就會出現不平靜的局面，呼吸系統就會出現問題，發病的心理原因是我不能自主地控制我的生活，自對自的應付策略是：

在生活中要學會自由的控制自己的生活，告訴自己「沒有人能激怒我」。心理學家認為，那些思維混亂、懷抱消極生活信念的人是病毒易感染人群，容易受「病毒」感染。疾病其實就是錯誤思維的外在反映之一。這種說法頗耐人尋味，如果你是一個生活充滿恐懼的人，那麼你受到病毒感染的機會就會比一般人高。近幾年的「Covid-19」亦是如此，使心理障礙、恐慌的人、無限暴增。所以正確的思維是「我決不人

云亦云，本人不受病毒的束縛」、「我樂意讓快樂充滿我的生活、我愛自己」。從而得到足夠的內在支持，因此，必須天天都說，直到改變我們錯誤的生活方式。讓思維更加健康，從「我快樂、我健康、到我健康、我更快樂」。就讓快樂佔有人性，學會儲蓄快樂。

儲蓄快樂、學會找樂、儲蓄是人的天性之一，人生在世總要有點儲蓄，有人儲蓄金錢、房產、財寶，有人儲蓄官階。筆者在眾多演講中均告知聽眾必須也應該多儲蓄「快樂」。只有快樂才能使人身心健康，延年益壽，那麼快樂之源何在？即「學會找樂」。「快樂滿街跑」，看你找不找，快樂對每個人都好，看你要不要，下列分項分享；

一、夫妻之樂：

老伴老伴、終生相伴、相濡以沫，你扶我牽、茶餘飯後、花前月下、相挽而行、互吐心絮、互解憂愁、共享快樂，這些尤其對老年人更加重要，老夫老妻之樂，是人生終點站之樂，是其他樂趣所不能替代的。

二、親情之樂：

依生命科學的研究證實，天下最令人短命和滅亡的是孤獨，這是人的社會本性決定的，老年人最忌孤獨，孤獨的老人性格會變得古怪，且易患抑鬱症和老人癡呆症，哪會有快樂可言呢？故老人應從親情中儲蓄快樂，與兒孫們共處，那歡樂笑聲便是家中的陽光。

三、交友之樂：

前教育部長陳立夫提出：老人應有四寶，即「老健」、「老本」、「老伴」和「老友」。尤其多交幾位忘年友、不但可散心、敘舊，且可獲新鮮感，吸取時代氣息和年輕人在一起也會覺得自己年輕許多。老友常相聚，一杯清茶、一壺老酒、一盤小菜、一碟點心，體現君子之交淡如水，邊飲、邊品、邊敘、邊談，古今中外無所不談，驅散愁緒，增添快樂，忘記年齡。

四、心寬之樂：

老年人歷經滄桑、名利皆看淡、處變不驚、遇事不怒、笑口常開、知足常樂，這些都是「健康伴侶」、「治病的良

方」，以仁愛之心待人、多行善，誠如法國文學家雨果（Victor Hugo）所言：最寬廣的是海洋，比海海洋寬廣的是天空，比天空更寬廣的是人的胸懷。只有寬廣的心胸，才能使快樂永存。

五、愛好之樂：

人若無愛好，生活必定乏味，有幾項愛好對老年人非常重要。如；「書法」、「下棋」、「唱歌」……等。尤其唱歌能舒緩筋骨、高歌中可吐故納新、活化細胞、增加肺活量，當然游泳、散步都是好的愛好，最需重視陶冶身心，才能帶來多彩豐富的樂趣。

六、山水之樂：

在退休後，成了「時間的富翁」，自由度大增，可以到大自然懷抱中盡情享受自然之美，大自然的坦蕩寬闊，山水的秀色靈氣，會滌去你心中的煩惱，令人心曠神怡。

雖然快樂與幸福是一種主觀感受，但它也有些客觀規律可循，例如：與個性、生存狀況之需要層次有關。

大笑與幽默的健康法則

　　有句名言：「愉快的笑聲是精神健康的可靠標誌」。笑是愉悅心情的自然流露，是快樂的外化表現，是身心健康的元素之一。只要提及笑，人們很自然地會把它與快樂、喜悅、幸福聯在一起，更重要是能分泌「健康元素」。白居易的詩表現了他的人生態度：「蝸牛角上爭何事？石火花中寄此生；隨貧隨富且安樂，不開口笑是痴人。」

　　雨果說：「笑是陽光，它能消除人們臉上的冬色。」俄羅斯心理學家巴夫洛夫（Иван Павлов）說：「藥物中最好的是愉快和歡笑。」莎士比亞最重視笑，他說：「如果一個人還能笑得出來，那他還不算是真正的窮光蛋。」還說：「如果你一天之中沒有笑一笑，那你這一天就等於白活了。」作家胡夫蘭德認為「一切對人不利的影響中最能使人短命滅亡的要算是不好的情緒和惡劣的心境」。因此，他說：「最能笑的人最健康，可以幫助消化、循環和發汗，是可以振奮一切器官的力量。」

　　低氧是百病的根源，常笑的人能有較多的氧氣進入體內，在看相聲大笑的實驗中，64％受測者腦內的血液循環增加了。而歡笑增加腦部血流量，證實能讓頭部變得更清晰。實際臨床測試，歡笑 10 分鐘，腦內啡上升 5％～ 10％。

　　有人說：「大笑治百病。」笑，也是一種國際共通語言，大笑被當成一種運動，如源自印度且盛行歐美的大笑瑜珈（Laughter Yoga）這種快樂情緒對身心有很多益處，而且笑聲還具有很大的感染力，那大笑容易有哪些魔力及好處？

　　笑是臉部肌肉動作之一，通常是內心愉悅情緒的表達方式，而情緒往往會對部分疾病的形成和治療及恢復，都有一定的影響。情緒對內分泌也存在一定的影響，比如女性停經後的「更年期綜合症」就與情緒相關。對身體細胞老化特別重要，「笑一笑，十年少」，這句話在中國民間廣為流傳的諺語一直被當作保持年輕和健康的祕訣。大文豪蘇東坡的名言：「人生不過百年，索性笑他三萬六千場」。意在鼓勵人們要時刻保持愉快的心情。那麼笑容真的能讓人年輕十歲嗎？

　　國際上有科學家也對愉快情緒及健康的作用進行研究。俄國生理學家巴洛夫指出：「大笑、幽默可以使你對生命的每

一跳動，對生活的每一印象易于感受，不論軀體和精神上的愉快都是如此，可以使身體發展、身強體健。」英國著名物理學暨化學家法拉第（Michael Faraday）曾因工作緊張而患上頭疾。然而在一位名醫的引導下，他開始經常看喜劇、聽笑話，常被逗得大笑不止，最後，他的頭疾不治而癒。

這個故事背後的科學是依據笑能緩解頸部肌肉的緊張度，從而對頭疾特別有效。而從醫學角度來看笑有利於加快血液循環、促進呼吸和消化系統的活動、提振精神、消除疲勞和緩解壓力。因此，無論是在學習還是在工作中遇到緊張的情況，我們不妨說個笑話或聽段相聲來放鬆自己，開心地笑一笑，讓我們都來「笑」出健康吧！

一般情況下，大笑與幽默對人體有舒緩心情、促進消化、改善呼吸、美容養顏、止痛、增加肺活量、強化健腦、燃燒熱量、提升保護力、延緩衰老十大好處。完整分項分析如下：

一、舒緩心情：

笑可釋放壓力和不良情緒，從而使得心情更為舒暢。

二、促進消化：

在笑的過程中，胃部能夠分泌消化液、能夠促進腸胃蠕動，從而幫助消化。

三、改善呼吸：

通過大笑，可以使肺排出更多的氣體，能夠改善呼吸狀態，對於呼吸道、支氣管、哮喘，有很好的效果。

四、美容養顏：

經常笑可以使臉部肌肉收縮，從而使得臉部皮膚更有彈性，從而起到美容養顏的作用。

五、止痛：

在笑的過程中，大腦神經細胞會釋放出內啡肽，能夠起到緩解疼痛的作用。

六、增加肺活量：

在笑的過程中會吸入氧氣，排出二氧化碳，從而增加肺活量。

七、強心健腦：

笑能夠使大腦皮層興奮，從而增強腦部功能。

八、調節免疫系統：

經常大笑，可以提升免疫細胞的活性，從而能夠提高保護功能。

九、燃燒熱量：

經常開口大笑，可以燃燒脂肪，有利於達到減肥的目的。

十、延緩衰老：

經常微笑，能夠保持身體活力，對於延緩衰老也有一定作用。

笑降三高

　　笑是天然降壓藥，日本人做過研究，發現三高患者在看一些喜劇、搞笑節目時，體內器官的血流量會增加，血液循環也會得到改善，並且看一些令人捧腹大笑的喜劇或電影

時，病人在 24 小時內，就發生了血管擴張、腦供血增加、血壓降低的效果。可以說，就是天然降壓藥。可能有人會問：「為什麼笑可以降血壓？」主要是「高血壓」是一種「身心疾病」，大致上是由心理問題引起的軀體疾病，長期受外在、內在不良刺激影響，才讓神經中樞處於興奮，抑制過程失調所導致的，所以「笑」的波能產生正能量激素，自然可降低高血壓。

另外，笑亦是抑制糖尿病的武器。以色列示巴醫學中心對國防新兵進行研究，發現情緒抑鬱的男性相較於不抑鬱的男性，患糖尿病的比率高出很多。為何會出現這種現象？主要是因我們體內的胰島素分泌除了受到內分泌激素和血糖等因素調節之外，還受到自主神經功能影響，心理因素可以通過大腦邊緣系統和自主神經影響胰島素的分泌。當人體長期處於緊張、焦慮、恐懼……等。應激狀態時，會間接抑制胰島素分泌和釋放，會導致胰島 β 細胞出現功能障礙，使糖尿病發生。然，經研究證明，幽默、笑、大笑都會分泌出胰島素的元素，所以科學家說：「笑絕對是一帖重要的藥方。」

「喜之於心是樂，發之於情是笑，會笑的人最終得樂。」羅曼・羅蘭指出：「快樂不能靠外來的物質和虛榮，而是要

靠自己內心的高貴和正直。」愛因斯坦說：「真正的快樂，是對生活樂觀，對工作愉快，對事業興奮。」有格言說：「氣貴和平、情貴淡泊、心情愉快是肉體和精神的最佳養生法。」

　　其實，「笑」絕非只是一種情緒和情感的顯示或宣洩，某種刺激誘發出來的笑，往往是各種複雜心理活動交織在一起的，由於情感的複雜化，人的面部千變萬化，表情豐富多彩，人類的笑就可謂是一個得天獨厚的天然寶庫，有挖掘不盡的情源。想健康活百歲嗎？那就多笑唄！

第七章

領悟生命真諦

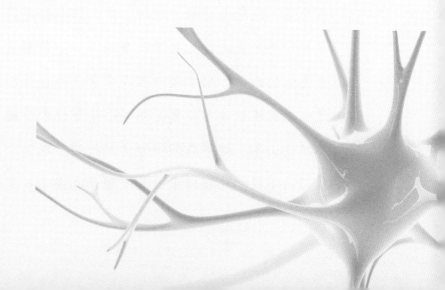

第一節

心靈小故事

一、

　　有個農夫牽著一頭驢子和一隻山羊要到城裡去賣，山羊的脖子上繫著一個鈴鐺。三個小偷看見了，打算下手。其中一個小偷說：「我去偷羊，還不讓農夫發現。」第二個小偷說：「我要從農夫手裡把驢偷走。」第三個小偷說：「這都不難，我能把農夫身上的衣服全部偷走。」

　　於是，第一個小偷趁農夫打瞌睡時悄悄地走近小羊，把鈴鐺解了下來，栓在驢尾巴上，然後把羊牽走了。農夫發現羊不見後，就急著尋找。這時，第二個小偷走到農夫面前問他在找什麼？農夫說他丟了一隻山羊，小偷對農夫說：「我有看見你的山羊，剛才被一個人牽著走進這片樹林裡了，現在追去還能抓住他。」農夫拜託小偷幫他牽著驢子，自己進森林裡追山羊。這第二個小偷當然把驢子也偷牽走了。農夫沒追回山羊從樹林裡回來一看，驢子也丟了，就在路上一邊走

一邊哭。走著、走著，他看見池塘邊上坐著一個人也在哭，農夫問他發生什麼事？第三個小偷對農夫說：「家人讓我把一口袋黃金送進城裡，實在是走得太累，我在池塘邊坐著休息，不知不覺就睡著了，不小心把那袋金子全掉進水裡」。農夫問他為什麼不下去把那袋金子撈上來呢？小偷說：「我怕水，因為我不會游泳，誰要是能把那袋金子幫撈上來，我就送他20錠金子」。

農夫非常高興，心想：「正因為別人偷走我的山羊和驢子，上帝才賜給我這福分。」於是，他脫下衣服潛到水裡，但是無論如何找，也找不到那袋金子。當他從水裡爬上岸時，發現衣服也不見了。不用說就是第三個小偷把他的衣服也偷走了。其實，小偷（就是詐騙集團）正是利用人性的弱點，才一次次地得手。現今社會這種詐騙集團非常多，時時刻刻都有人被騙的例子屢見不鮮，就是想把人家的積蓄騙光。看看光台灣每年統計出來的數字真的很可觀，光在2024年據刑事局的資料統計台灣小小的地方「被詐騙」金額累積高達88.78億元，創史上新高。這些不是人性弱點是什麼？

第一次丟掉羊，實在是大意，這是人生中經常會遇到的問題，不算過失。

　　第二次看起來他是輕信偷驢子的小偷，實際上他是處在一種盲從的狀態，別人說什麼他都會相信，此刻的他，心中沒有主見，沒有信念，完全愚昧，這時候就會接二連三地犯錯。沒有危機意識，沒有改變心態的因與果。

　　丟掉羊和驢後，他先是懊悔邊走邊哭，再遇到困難時喪失理智，這個時候，當他被金子誘惑時，貪心驅使他失去一切。

　　實際上在農夫的故事中，悲劇僅僅是因一次大意而引發，可是因他失去主見，失去理智，便走入了竊盜集團的陷阱，一發不可收拾，當他的貪慾支配他的行動時，他就注定要失去一切。

　　人性弱點從古至今，並沒有任何改變，因此，現代金光黨，詐騙集團愈來愈多，詐騙手法也更為精良，不只老年人甚至高級知識分子，也經常被詐騙，這些詐騙手法都經常在「改變」。一般人卻不懂「改變」的重要，所以，人想快樂幸福、健康長壽、領悟生命的真諦就必須要有所改變，尤其「心靈透徹」特別指標。

心靈結語

　　平常生活中，我們經常在禮佛參拜時，聽到很多類似前文

說的：人因失去，因過錯或身體違和，到寺廟拜拜最常講的話：請「佛菩薩」保佑、請佛法加持、「讓我中大獎」、「賺大錢」，「考上名校」、「當大官」、「身體健康」……等。乍聽之下似乎沒有什麼不對。但思考一下，「佛菩薩」如何幫你中大獎、賺大錢、考上名校、當大官及身體健康呢？

好吃懶做，只想中大獎，不努力認真能賺大錢？不用功讀書靠佛菩薩保佑加持，就可考上名校、當大官？日常不養生、生活不規律、壞嗜好不少、光靠拜拜「佛菩薩」就保佑你身體健康？那不是太沒天理，如果這樣都能稱心如意，那「佛菩薩」不就是貪官污吏的共犯。

想賺錢、想功成名就、想身體健康，就要改變。改變人類「貪愛」、「嗔恨」、「愚痴」、「傲慢」的種種煩惱。人基本上或許很難抗拒外面的誘惑，但所有的生活，確實是物慾的滿足感在作祟，而無法自拔。深深地在這個心靈上埋著「惡」的種子，這不是迷信，總會有答案，因為惡念和佛菩薩的保佑加持是無法接軌的。

二、

有個年輕人在行走中，忽然遇到下雨，年輕人就近躲入屋

簷下，忽然間，年輕人看見有位貌似「觀世音菩薩」的人撐把傘走過來，年輕人就開口說：「請問您是『觀世音菩薩』嗎？」撐傘的人回答說：「是，我是『觀世音』。」年輕人又說：「『菩薩』，佛家講普度眾生，請您度我一程吧。」菩薩說：「我在雨中，你在屋簷下，屋簷下沒雨水，你不需要我度。」年輕人一聽就跳出屋簷，對菩薩說：「現在我也在雨中，衣服也淋濕了，那『菩薩』不就可以度我了。」

菩薩笑著說：「我在雨中，你也在雨中，我不會被雨淋，是因我有傘，你會被雨淋是因為你沒傘。所以，傘是在度我，我不能度你，請找自己的傘吧！」菩薩話畢，則逕行離去。年輕人只好在雨停後才離開。年輕人走到一間寺廟門口，轉頭一看，發現剛才那位「觀世音菩薩」拿著佛珠正在參拜自己的神像。年輕人很好奇地走進寺廟，問「觀世音菩薩」：「您是菩薩，為何拿著佛珠，參拜自己的神像，如此怎可能保佑我們呢？」

菩薩笑著說：「凡事自求多福，如果做人凡事不從善念，不懂、不願、更不肯改變，永遠「我執」為先，即使佛菩薩在你身邊也保佑不了你的。」在生活中，我們很多人犯了錯誤，也懂得懺悔，待對方原諒你了，就覺得輕鬆自在。其實，

這還是在祈求別人手裡的那把傘，希望用對方的寬容度「度」
了自己的錯誤。

心靈結語

　　看了本則故事，人們應當明白如何改變方有希望變得更
好。第一步，如果您沒有宗教信仰，請先走進您願意信仰的
宗教。每個宗教都很好，但佛家感覺較為特殊。因為，佛家說：
我們供奉佛像，禮拜佛像，瞻仰佛像，其實，正是對自己真
心自性的供奉，禮拜、瞻仰，如此，就是時時刻刻幫助自己
恢復自己的善良面、慈悲心，戒除種種不善，即等於恢復至
「佛菩薩」的狀態。這樣來禮敬佛像，才有波能的訊息感應，
自然我們思想上的心靈波能，自會與「佛菩薩」的保佑及加
持有所感應，「要有真心、自會成佛」。

　　有些人（包括曾經的我）在問：「人人都有一顆真心，那
為何大眾都沒有成佛呢？」就是前文提過的，如佛家所言「人
的心被嚴重汙染了」，整體來說就是被「貪愛吝嗇、慾望無度、
憤怒忌妒、怨恨計較」的嗔心所矇蔽、渾渾噩噩、不明善惡、
是非美醜的愚痴心和自私狂妄、冷漠的傲慢心，正是這些問
題產生妄心熾盛而失去自我，也就自然地說：「你即使是『佛』

也起不了作用。」

此時「佛菩薩」怎麼可能保佑加持給這類「貪、嗔、痴、慢」的人呢？

惡行累累、煩惱、禍患自然不斷，永不安寧。所以，並非「佛菩薩」不能保佑我們，而是我們自己不讓「佛菩薩」保佑罷了。其實，學佛修行就是幫我們自己去除妄心，恢復本性真心，師父在開示時說：真心顯現就是佛顯現，人怎麼會得不到保佑呢？因為真心是「佛心」，而「佛心」正是真誠、清淨、平等、正覺、慈悲。另則需跟隨「佛行」。何謂「佛行」；乃看破、放下、自在、隨緣、念佛。

淨空法師也曾說過：咱們試想一下，如果我們的心是「佛心」、行的是「佛行」又怎會不受保佑護持，怎會不成「佛」呢？「佛心」是純淨、「佛行」是純善的話，就是「三寶佛祖」也好，十方三世一切佛亦同都是會保佑你的。謹記：純淨的心，純善的行為就是發「菩提心」，然後，專念「阿彌陀佛」，師父說：我們恭念「阿彌陀佛」這是名號，是我們真心本性的名號並非別人，只要誠心，正念「阿彌陀佛」，思想波能就會發動很強的訊息，那力量就非常大，則可與「阿彌陀佛」的訊息接通，確確實實可以消除業障，免難祛災。這就是師

父常說的「心行相應、感應就殊勝了」。

倘若，您走入宗教，也學佛了，可千萬別再做一些損人利己或傷害別人的事，否則無論您如何努力誦經念佛，都沒有用的，「佛菩薩」是不會有感應地，更不可能保佑你。誠如有位師父說的：「口唸彌陀心散亂，喊破喉嚨也枉然。」所以，情慾束縛太重的人，心一定要改變，才能自救救人。誠如佛家說：「萬法唯心造、佛度有緣人。」每個願信佛的人，不妨試試看，每天唸誦「三寶佛祖」和「大慈大悲觀世音菩薩」的聖號，不僅自身、自家受益無量，更能減輕和延緩災難，亦能給世界去難減禍、天地祥和。請相信，筆者正是虔誠相信「佛菩薩」的神力感召才慢慢走出心鎖的見證人。當然其他的宗教信仰也都非常好，端看您喜歡那門宗教信仰。就請走入祂、走近祂，肯定您會得到很棒的智慧啟發。

三、

在「愛麗絲夢遊仙境」故事中，當愛麗絲來到一個通往各條不同方向的路口時，愛麗絲向小貓邱舍請教。她說：「能否請你告訴我，我應該走哪一條路？」邱舍貓咪說：「那看你想到哪去啊！」愛麗絲說：「到哪兒去，我都無所謂。」

　　邱舍貓咪即說：「那麼，妳隨便走哪一條路不都無所謂了嗎？」

心靈結語：

　　其實，這如同信仰一樣，別當個無主見、沒目標、沒方向、沒有理想、遊魂似的行屍走肉。只有樹立方向，不斷用心學習，才能體會生活的意義，生命的真諦。

　　所以，每個人都應盡早走入宗教信仰是至關重要的，因為信仰首先可以「遠離災禍惡果、獲得吉祥平安」。即謂「破謎開悟、戒惡從善、消除業障、離苦得樂」。由此規範，我們有虔誠信仰的人，自然會從戒惡開始做起。於此，我們可以明瞭，今天那些認為習以為常縱情貪慾的事情，就是人類的惡行，是會受惡果報應的。

　　我們民間有句話：「不知者無罪。」但我曾思考此話的正確性，難道不知者犯錯都沒事嗎？那是不可能的。即使因不知而犯錯仍會有良心譴責及因果業報的問題。淨空法師說：「當官的人一定要記得，人民納稅的錢，千萬不要『A』進口袋，更不能亂花掉，否則以後麻煩就大了，因你看到的幾乎都是你的債主，要還到何時才能還完呢？未來結罪，全國百姓都

是你的債主，這個罪業就太重了，很難還的。」誠如台語說：「呷人半斤，要還人八兩」。真的不要太貪心，現在已經不是來世報，很多例子顯示，現今很多問題均在當世就受報了。具體說：意者心意也；為人基準、不貪、不嗔、不痴謂之本性。

佛法三千年，不就是至真、至善、至美的教育，才完全符合人類本性的教育，當然沒有人不需要它。所以宗教信仰就是幫助眾生恢復自己純善的本性，十惡戒除、十善自然，如此人類才會沒有痛苦和煩惱，肯定至善圓滿。

四、

有位農夫到佛陀跟前傾訴他的煩惱。他告訴佛陀自己所做的農活有多麼困難，雨季或乾旱會帶來多少問題，農夫也告訴佛陀雖然他很愛太太，卻還是不能忍受她的缺點。農夫還說起他的孩子們，雖然他也很愛孩子，可是孩子總不能令他感到滿意。農夫問佛陀這些問題要如何解決。

佛陀說：「很抱歉，我無法幫助你。」

農夫非常不滿意地反問道：「這是什麼話？佛陀您不是一名偉大的導師嗎？」

佛陀答曰：「先生，事情是這樣的，所有的人都有83個

煩惱，其中有些煩惱也許偶爾會突然不見了，但很快又會生起其他的煩惱。因此，我們永遠都有 83 個煩惱。

農夫這次的反應更為憤怒，大聲說：「您那一大套說法又有什麼用呢?!」

佛陀答說：「我的說法雖然無法解決這 83 個煩惱，不過也許能舒緩第 84 個的煩惱。」

農夫不解的地問道：「第 84 個煩惱是什麼？」

佛陀答曰:「第 84 個煩惱就是我們根本不想有任何煩惱。」

心靈結語：

人的一輩子本來就很短暫，如果整天還要擔心這個，煩惱那個豈不是活得太痛苦了？那無疑像長輩說的，在身上掛一塊招牌：「此處專賣煩惱」。如此一來，怎麼會擁有健康的身心呢？我們要學會多讓煩惱隱身，多擁抱快樂，美好人生千萬別讓煩惱憂愁給佔據了。人要懂得一切順其自然，用心感悟每刻的快樂。

西方哲學有言:「天空沒有留下翅膀的痕跡，但我已飛過。沒有藍天的深邃，卻可以有白雲的清新；沒有草原的廣闊，卻可以有小草的碧綠；沒有大海的雄壯，卻可以有小溪的淡

遠」。我們深信路至遠方有佳境，凡事保持一顆平常心，卻可以收穫無盡的快樂，切記！不要因為一時的失望，就閉上看向未來的眼睛。

因為生活就像風雲變幻，隨時充滿不可預知的因素，這一刻也許還在品味快樂，下一刻也許就會被無盡的痛苦包圍；今日或許還擁有幸福，明日可能就面臨著意想不到的災難。生活就是這樣變化無常，悲觀的人選擇一蹶不振，樂觀的人選擇一笑了之。

誠如六祖慧能大師所云：「本來無一物，何處惹塵埃。」平常心是一種超脫物外的積極人生態度，不論遇到任何事，每個人若能始終保持一種「不以物喜、不以己悲」的精神，才能慢慢體會無煩無憂灑脫的人生境界。

第二節

家庭倫理的健康元素～「愛」

往西方極樂世界，這是很多參禪、禮佛、修行人最終的想法與希望。可是我常與友人分享這「理想境界」是往生後的

歸途。那現實人生的「極樂西方」在哪裡？大多數人忽略了現實的「西方極樂」其實就在家裡。「夫妻有愛」、「孝敬父母」、「珍愛子女」，一家和樂融融，就是「極樂」。這種家庭每個人內心沒壓力、精神愉快、幸福美滿，身體內的各種激素分泌良好，自然身體健康。以下分享幾則愛的小故事：

一、

　　短篇小說大師歐·亨利（O. Henry）的精彩短文故事「麥琪的禮物（The Gift of the Magi）」，黛西和山姆是一對患難夫妻，他們在紐約過著貧困的生活。山姆的生日快到了，黛西想給山姆買件禮物，想了想，黛西忽然想到了有一只祖傳的懷錶，山姆很愛惜，可惜沒有錶鍊。黛西想給山姆買條錶鍊，可是她的口袋只有 1 元 8 角 7 分錢，於是，她毅然決然做出決定，把自己那一頭漂亮長髮剪掉賣了 20 美元，花掉 21 元給山姆買了一條白金錶鍊。那天晚上，山姆回家後用一種很奇怪的眼光看著黛西，黛西感到很慌張，因為山姆很喜歡她那一頭漂亮的長髮，可現在剪成像男生的短髮。

　　此時，山姆拿出一個袋子給黛西，黛西打開一看，愣住了，

那是一把玳瑁的梳子，是山姆買給她的，想讓黛西好好地用來梳理她那一頭漂亮頭髮。而重點是為了買這把玳瑁梳子，山姆賣掉祖傳的懷錶。夫妻倆頓時呆呆的注視對方，然後默默地相擁，兩個人的眼睛充滿了疼愛的淚水。相信看到這則故事的人，一定讓人感到心酸、憐惜、都會感受到黛西和山姆之間那種震撼人心的愛。愛肯定是要發自內心地真愛對方，只有真愛的家庭才是最牢固、最溫馨、最感人的。

二、

有個人很羨慕他的鄰居，鄰居是一對沒有固定收入的貧窮夫妻。冬天，丈夫在浴室裡洗澡，妻子把襯衣拿出來，怕衣服冷冰冰的，妻子想，冰冷的襯衣穿在剛洗過澡的身上一定不好受。于是，妻子轉身拿來一只熱水袋用襯衣包著熱水袋等在浴室門口。丈夫擦乾身子妻子把搗得熱呼呼的襯衣遞過去，丈夫邊穿衣服邊說：「妳想得真周到。」

丈夫喜歡泡腳，妻子每天晚上要做的第一件事就是為丈夫準備熱水。丈夫收工回來時，就是邊吃飯邊泡腳。丈夫在桌上大口吃飯，妻子則蹲著身子、彎著腰在桌子下幫丈夫脫去鞋襪。然後放入半盆熱水給丈夫泡腳。妻子坐在一旁，提著

一壺熱水，等著每隔一點點時間就往盆裡加點熱水，就這樣保持水的溫度，讓丈夫的雙腳在舒適的熱水裡泡著。

丈夫是做臨時工的，如果沒老闆叫他，他就做資源回收賺點小錢。而他的妻子每天給丈夫送午餐，他們家沒有保溫盒，用衣服包著，然後把飯盒一直搗在懷裡。丈夫也心疼妻子颱風日曬有時淋雨送飯很辛苦，有一次對著妻子說：「乾脆買個保溫盒吧！」妻子說：「花那個錢幹嘛？我不就是一個保溫盒嗎？」聽完這故事，筆者當時也非常感動，相信也會讓很多人動容、流淚。

三、

有位教授，有段時間天天回家在妻子面前誇獎新來的助教，說她如何善解人意、如何聰明、性情多好……等。妻子看到丈夫對新助教的稱讚，妻子起了疑心，心想，這個女助教一定長的很漂亮，不然丈夫為什麼對她那麼誇獎呢？為了把丈夫的心拉回身邊，妻子想到要去整容，把自己打扮得漂亮點。可是卻整容失敗，妻子悲痛地不想活了。丈夫問妻子，好端端的幹嘛整容呢？妻子痛苦地道出事情原委，她整型是為了讓自己超越那個新助教，因為妻子認為那個助教一定很

漂亮，丈夫聽妻子說完後，輕輕一笑，對妻子說：「既然這樣那明天我把她帶來家裡吃飯，妳和她好好談談。」

第二天，丈夫果然把他那位助教帶到家裡來，妻子一看，不禁啞口無言。原來她是一個滿頭白髮的老太太，滿臉皺紋，那天晚餐他們吃得很愉快，老太太談笑風生，她充滿睿智的談吐使教授感到非常愉快，還有她開朗的性格和善良的笑容，也讓妻子感到很舒服。那次晚餐後，妻子也後悔莫及，因為猜忌，使她半個臉佈滿了難看的疤痕。

而這個故事的結局當然又引發出另一個問題，一個幸福的家庭，需要溝通更需要信任。做丈夫的說話沒有考慮好細節，沒有先顧慮到妻子的情緒。假使在讚美另一位女性時，細心一點，委婉地說明是個60多歲的老太太，那麼他年輕的妻子也不至於走到整型這一步，可見每個細節對幸福家庭有多重要。家庭是社會的細胞，只有每個細胞都健康才能有安定、和諧的家庭。

所以，幸福家庭是夫妻共同經營的，格言說：「前世五百次的回眸一笑，才能換來今生相聚」，「同船共渡更需五百年修來的緣分」，何況今生有緣當夫妻，不知要修多少年的緣，真的要好好珍惜，千萬別忽略當下「極樂西方」的重要。

心靈結語：

　　家庭幸福另一元素「孝順」，中華古訓：「百善孝為先」，中華文化自古以孝傳家，歷代帝王以「孝」行善，以「孝」治天下，佛經說：「不孝父母罪大惡極，當墮惡道」。誠如《孝經》的訓示：「天地養萬物、似辛勞而又不辛勞；父母生育子女，似不辛勞而又辛勞」。母親從身懷妊娠之苦，如同身體壓著一座山般，全身筋骨痠痛，坐臥都不舒服，分娩之時，母親性命都難以自保。所以，前人常說：「子生會過麻油雞酒香，子生不過換四塊棺材板（這句話台語發音）。」畢竟早期醫學不發達，母親生孩子是非常危險之事，所以長輩常說：孩子是母親用生命換來的。

　　曾看過一篇文，有人問師父：「我們在禮佛參拜『千手千眼觀世音菩薩』，祂究竟在哪裡？」師父說：「就在你家裡。」後來有人體悟說：「原來千手千眼觀世音菩薩是化身為母親。」試想；打從我們出生到長大，母親的手是否沒停過，像有千隻手般地操勞，她的眼睛也不曾停歇，就如有千眼般的關愛和體貼入微。

四、

　　2005 年 9 月 5 日，中國武漢發生一件非常驚奇的新聞事件，有個小女孩要上學被一列火車停擋住路很久，小女孩等不及就從火車下穿越，不料小女孩剛彎腰穿過火車時，火車啟動了，小女孩嚇呆在火車下，她的母親轉頭看見也在驚嚇中沒有任何猶豫、沒有思考，用呼嘯的速度衝至火車下，抱住在生死關頭的女兒，把女兒臥壓火車下面。火車雖離地有些高度，但因抱住女兒也有點高度，母親的背被刮去一塊皮肉，滲出很多鮮血，雖然母女都受傷，幸運的是母女的命都保住了，這是何等奇蹟。佛教說：「一念中有九十剎那、一剎那經九百個生滅」。師父說：這種速度是很急速的。但我不會計算，然而，科學家卻從影像機計算出這位偉大母親救女兒的速度，一剎那等於 0.018 秒。

　　話說這位平凡媽媽的名字也許不會被世人記住，雖然她創造了自己永遠不可能再創造的起跑與速度的真奇蹟（因她的速度遠遠超越世界短跑紀錄的成績）。但，她的另一個名字必將永遠被人牢記、那就是「母親」，母親的心念應是天地間最快的速度。

〈註〉：近期大陸有實驗室歷時三年研究，首創光子太赫茲光纖一體融合的實時傳輸架構，實現了單波長淨速率為 206.25 GbpS 的太赫茲實時無線傳輸，通訊速率較 5G 提升 10 至 20 倍。

由於太赫茲波的能量速度相當快，可穿透人體肌膚 3 ～ 5 釐米，直接作用於深層組織，補充生命細胞能量，被譽為「生命之光國際又稱「長壽波能」。目前科學家認為就速度評估，太赫茲的波能速度應該僅次於「心念速度」。

五、

二十世紀 50 年代，在一艘橫渡大西洋的船上，一位父親帶著小女兒要去和在美國波士頓的妻子會合。

海上風平浪靜，晨昏瑰麗的雲霓交替出現。一天早上這位先生正在艙房裡用水果刀削蘋果，船突然劇烈搖晃，男人摔倒時，刀子刺進胸口。他全身都在顫抖、嘴唇烏黑。6 歲的女兒被父親瞬間的變化嚇壞了，尖叫著撲過去，想要扶他，他卻微笑著推開女兒的手說：「沒事，只是摔了一跤。」然後轉身輕輕地拔出刀子，緩緩地爬了起來，不引人注意地用大拇指擦去刀鋒上的血跡。

後來三天，男人照常每晚為女兒唱搖籃曲，清晨為她繫好美麗的彩蝶結，帶她去看大海的蔚藍，去吃好吃的食物。彷彿一切如常，而小女兒沒有注意到父親每一分鐘都比上一分鐘更顯得衰弱、蒼白，他望著海面的眼光是那樣憂傷。快抵達波士頓的前夜，男人來到女兒的身邊，對她說：「明天見到媽媽的時候，請告訴媽媽，爸爸很愛她。」女兒不解地問：「可是您明天就要見到媽媽了，為什麼不自己告訴媽媽呢？」這時爸爸微笑著，俯身在女兒額頭上深深地刻下一個吻印。船到波士頓的港口時，女兒一眼便在熙熙攘攘的人群裡看到母親，她大喊著：「媽媽！媽媽！」就在這時候，周圍忽然一片驚叫聲，小女孩一回頭，看見爸爸已經仰面倒下，胸口血如井噴，染紅了整片天空……。

屍體解剖的檢查結果讓所有人都驚呆了，那把刀無比精確地洞穿心臟，他卻多活三天，而且不被任何人察覺。唯一可能的解釋就是傷口太小，使得被切斷的心肌依原樣貼在一起，維持了三天的供血。

這是醫學史上罕見的奇蹟。醫學會議上有人說要稱「大西洋奇蹟」，有人建議以死者的名字命名，還有人說要叫它「神蹟」……。「夠了」，忽然間坐在首席位的主治醫生此刻一

聲大喝，然後一字一頓地說：「這個奇蹟的名字就叫做『父親』。」

心靈結語：

　　奇蹟的緣由在哪裡？是父親的力量。他知道，如果自己在當時死亡的話，6歲女兒孤零零地留在輪船上，會受到任何不測都是有可能的。所以，他以超常毅力堅持活下來，他要好好地將女兒送上岸，安安全全地把女兒交到妻子手裡。這是何等偉大的父愛、何等偉大的力量。相信天下絕大多數的父親、母親均像以上兩則真實故事一樣的偉大，身為子女是否能感同身受呢？因為每個人都會有當父母親的一天。

　　如同上天覆蓋萬物，溫和慈愛流盈，充滿天地之間。再大的慈悲，也比不過父母之愛。所以《孝經》言：「真誠一片結成慈、全無半點飾虛時。慈中栽養靈根大，生生不已自無涯。」意為：一片真誠結成慈愛心，完全沒有半點矯飾虛偽。慈愛中養育子女聰慧成長，生生不已沒有盡頭。

　　其實「孝順」二字，大家都懂，只是現代很多人不但不思親情恩澤，而且更暴力相向，甚至殺害、悲哀之極。教育界為人師表者說：「現在的教育已失『四維八德』的養成，造

就年輕人也失去信仰。」生命只是滄海一粟，記載了太多的遺憾。中國古訓說：「樹欲靜而風不止、子欲養而親不待」，從小到大父母給我們的愛是無法衡量的，為人子女理該用實際行動來回報，千萬不要讓自己的人生留下遺憾。到時，不管你說多少個後悔都彌補不了缺口。猶如老一輩說的：「在生一粒豆、卡贏死後拜豬頭（台語）。」

前人說：「羔羊跪乳、烏鴉反哺。」現代人常常藉口「忙」，然後在重要節日乾脆寄些錢即認為已盡孝了。年邁的父母並非花錢的機器，他們的要求其實只是簡單中的單純，有子女的消息就心安，子女輕輕一句問候，父母都會滿足，面對父母你試想一下你有多久不曾注意父母是否健康如昔？有多長時間不曾對父母說聲「我愛您」？簡單的行為，只要你願意，不必花大錢，不用找時間，隨時可做，把「愛」說出來，全家和樂氣氛頓時四方昇華，家庭幸福，家人自然健康、快樂，因為「孝子感動天」、「一切都是愛」。

六、

有位老母親的信：我的孩子，哪天如果你看到我日漸老去，反應慢慢遲鈍，身體也漸漸不行時，請耐著性子試著了解我、

理解我。

當我吃得髒兮兮、甚至已不會穿衣服時，不要嘲笑我，耐心一點。記得我曾經花了多少時間教你做這些事嗎？如何好好地吃、好好地穿？如何面對你生命中的第一次？

當我一再重複說著同樣的事情時，請你不要打斷我。你小的時候，我必須一遍又一遍地讀著同樣的故事，直到你靜靜地睡著。

當我們交談時，我忽然不知道要說什麼了，麻煩給我一些時間想想。如果我還是沈默不語，不要緊張，對我而言重要的不是說話，而是能跟你在一起。

當我不想洗澡時，不要羞辱我，也不要責罵我。記得你小時候我曾經編出多少理由，就只為了要哄你洗澡嗎？

當我外出找不到回家的路時，請不要生氣，也不要把我一個人扔在外面，要慢慢帶我回家。記得你小時候，我曾經多少次因你迷路而焦急地到處找你嗎？

當我神志不清，不小心摔破飯碗的時候，請不要責罵我。記得你小時候曾經有多少次把飯菜扔在地上嗎？

當我的腿不聽使喚時，請扶我一把，就像我當初扶著你踏出人生的第一步。

　　當哪天我告訴你，我也不想再活下去了，你千萬不要生氣，總有一天你會了解，了解我已風燭殘年，來日可數，

　　有一天你會發現，即使我有許多過錯，我總是盡我所能給你最好的。

　　當我靠近你時，不要感傷、生氣或埋怨，你要緊挨著我，如同當初我幫你展開人生一樣，了解我、幫助我、扶我一把。用愛和耐心幫我走完人生。我將用微笑和我始終不變的愛回報你。我愛你，我的孩子。

　　不知道讀者們看完這篇感言，有何悸動嗎？

第三節

夫妻真愛的心靈健康元素

　　夫妻之間愛的真正含義是複雜的，它包含了多種元素。首先夫妻間的愛是一種深厚的情感連接，基於互相尊重、理解和支持，這種愛不僅僅是肉體的親密，更是心靈的契合，是能夠在日常生活中共同面對困難和分享快樂的伴侶。除了體現在日常生活中的點滴之外，包括關心對方的生活、感受和

需求、願意為對方付出時間和努力。

同時，夫妻間的愛需要建立在誠實、信任和溝通的基礎上，這是維繫夫妻關係的重要保障。畢竟，婚姻和親密關係不僅僅是兩顆心的交匯，更是心理健康的一種重要滋養。有研究表明，穩定幸福的婚姻可降低焦慮、抑鬱的發生率，當我們身處一個充滿支持、理解和安全感的伴侶生活，更容易保持情緒、更有信心去應付生活的挑戰。

提到夫妻的真愛，可體現在；包容、信任，以及一生不離不棄三方面。

一、包容：

在婚姻中，我們往往不是因為對方的優點在一起，而是因為能夠接受並包容對方的缺點。真正的愛是知道所愛的人身上的所有缺點，並且能夠包容甚至喜歡這些缺點。這種包容是婚姻持久的關鍵，因為它建立在理解和接受的基礎之上。

二、信任：

在夫妻關係中，信任是基礎，真正的愛不需要強調信任，因為當兩個人真心相愛時，他們之間會有深厚的信任，不會

懷疑對方會背叛自己。這種信任是婚姻中不可或缺的，它讓
夫妻雙方都能夠感到安心和滿足。

三、一生不離不棄：

真正的愛最終體現在行動上，即無論發生什麼事，夫妻雙
方都能夠相互扶持，不離不棄。這種不離不棄的承諾是婚姻
中最深情的告白，代表了夫妻雙方對彼此的堅定、承諾和深
厚的愛意。

綜合上文所述，夫妻之間的真愛，不僅僅是基於浪漫和激
情的短暫迸發，更是建立在相互理解、信任和承諾之上的長
期關係。這種愛是深沉而持久的，能夠經受住時間的考驗和
生活中的各種挑戰。

畢竟，和諧婚姻中的兩個人，不會在糟糕的事情來臨時或
夫妻發生意見不同時相互埋怨、責備。反而會相互包容在和
諧婚姻裡起著至關重要的作用。正如「有人粥可溫、與人立
黃昏」，多美妙的畫面。這種相互的關懷與體貼是一種心疼、
一種掛念、一種分擔：可能是一句話、也可能是一個擁抱、
一個吻，還可能是一個忙碌過後的陪伴，也或許是一次心靈
的溝通。

　　婚姻不易，需要夫妻之間相互經營。尤其，夫妻雙方都需要對婚姻有一種敬畏之心。因花花世界裡的誘惑多到數不勝數，亦讓人防不勝防，只有在真愛的基礎上才能真正的「白頭偕老」。恰如法國作家巴爾扎克（Honoré de Balzac）說的：「當男女雙方互相信任、互相了解以後，他們就找到了使漫長歲月變得豐富多采，使生活本身充滿魅力的祕訣。」

　　特別的是「真愛」對心理健康的重要性體現在多個方面，不僅能為個體提供心理上的支持和安慰，還能在精神上產生積極的影響。它通過促進人體內部賀爾蒙的分泌；如多巴胺、內啡肽、催情素……等，有助於提高保護力、降低血壓、減輕疼痛，從而增強人體的自癒能力，使身體更加健康。此外，真愛還能提高人的自尊心和自信心，使人更加積極向上，更有動力去面對生活中的困難和挑戰。

　　在社交上，「真愛」有助於人們更加積極地參與社交活動，如參加聚會、旅遊、運動等。這些社交互助有助於增強人際關係，提高社交技能，使人們更加適應社會和生活。在家庭中相愛的兩人相互支持、關心、理解，這種共同生活的體驗能夠增強家庭成員之間的親密關係，使家庭更加和諧幸福。

愛是身心靈的正能量

「愛」是正能量。疾病最怕愛，因為愛可以幫助我們恢復健康。如何去愛？愛人先愛己，愛出者愛必返。

我們都想獲得人生幸福和健康。應該如何做呢？筆者認為，可從三點入手：其一、愛是大藥王～愛是哲學和生命的共同語言，愛是人類健康的共同信念；其二、快樂是健康的關鍵。健康的人一定是快樂的，不健康則心神不和，就會影響五臟六腑的平衡；其三、心善是解脫之本。善是天地之間的正能量，行善即是順應天地之道，順之則生，逆之則病。

在談情說愛話健康裡，我們先了解愛的真諦是什麼？天地有愛，才會化生萬物，因為天地有生生不息之德。人之生老病死，都有愛的存在。或者說，我們時時刻刻都未曾離開過愛，只是有時候我們選擇性的目盲而忽視了愛的存在。直白來說，我們能活著、能健康、能享受生活是因為有愛。若沒有了愛，生命也將變成灰色的，甚至黯淡無華。

所以，愛是一種正面的感情，因為愛，我們活著才有希望和追求，我們才願意去進取，去實現人生理想。換言之：愛有著偉大的創造力，真愛才能讓我們的生命展現出無窮的光彩。

柏拉圖說：「『愛』的力量是偉大的、神奇的、無所不包的。」此言極是。畢竟，健康離不開「愛」，幸福離不開「愛」，作為生命醫學的學者，筆者深刻體會到，「真愛」才是「王道」，離開了愛，生命終將失去健康。

在瑞典，有學者花了6年時間研究1萬7千人，結論是——壓力加上孤寂感，人與人之間缺乏愛的連接，所導致的死亡率比低壓力有良好性愛組高出4倍。所以對於人類的大多數疾病來說，愛是一種非常好的治療劑。尤其，從心底去愛人、寬恕人、必終結人體的五毒內焚，同樣也能終結自己身上的疾病。

在這節文裡，筆者把夫妻間的真愛拓展到愛每個人、愛每個生命、愛這個世界、以愛的真性情、去感受世界的萬事萬物，讓愛心把自己融化于身心靈的正能量，人人都能有機會「健康」、「長壽」。所以稱「真愛」是健康、快樂、幸福的靈丹妙藥，真的恰到重點。更是啟發、增殖「心靈幹細胞」最佳的元素。

心靈幹細胞的另一元素～「感恩」

　　西方國家有一個感恩節。據說那一天要吃火雞、南瓜餡餅和紅莓果醬。這天無論天南地北，離家再遠的孩子，都要趕回家一同感恩。可是很遺憾台灣的慶典很多，卻唯獨少了一個「感恩節」。

　　可否想過；沒有地球，就沒有我們居住立足的地方；沒有陽光，就沒有溫暖的時光；沒有水源，就沒有生命的能量；沒有父母就沒有我們生命的延長；沒有火，就沒有美味的食物可嚐；沒有風，就聞不到優美的花香；沒有愛情和親情，世界就會變成孤獨和淒涼。其實，這些淺顯的道理大部分的人都知道，但是，我們常常忽略「感恩」的重要。尤其對父母對家人，一般只顧自己所想，認為家人都知道。所以就忘懷感恩的思維和心理之想。

　　筆者去大陸演講時，方知現在大陸有很多小學在午餐前，由班長帶頭唸感恩詞：「感謝父母養育之恩、感謝師長教導之恩、感謝農夫辛苦種米之恩。」這是多美好的心靈善良教

育。「誰言寸草心，報得三春暉」，這是〈遊子吟〉的詞句；「誰知盤中飧，粒粒皆辛苦」；這些均是我們小時候背誦的詩詞，講的就是「感恩」。滴水之恩，湧泉相報；銜環結草、以報恩德。中華文化綿延多少年的古老成語，告訴我們的也是要感恩。只可惜，這樣的古訓並沒有溶進咱們的血液裡，有時候人們還經常遺忘，無論生活還是生命，都需要感恩。

懂得「感恩」的人，往往是有謙虛之德的人、有敬畏之心的人，對待比自己弱小的人，知道須躬身彎腰，便是屬前者；感恩上蒼懂得要抬頭仰視，便屬後者。因此，哪怕是比自己弱小的人給予自己的些微幫助，絕不能輕視，更不能忘記。跪拜在教堂裡的那些人，仰望著從教堂彩色的玻璃窗中灑進的陽光，是懷著「感恩」之情懷的，縱使我不是基督教與天主教的信徒，但我也和友人去過幾次教會，雖然我不懂他們儀軌，卻也曾被那種「真誠」感動過。

而筆者是在「佛道」學習的弟子，亦深深體悟佛教的感恩規儀是非常虔誠與隆重。每年農曆七月於中國節日裡稱「鬼月」，即鬼門開放的時間。今日則稱為「慈悲月」又稱「感恩月」。我們都會跟隨師父籌辦「盂蘭盆法會」，誦經禮懺，除超拔祖先積造功德外，也有緬懷感恩祖先的心意。尤其在

法會中，有一日的誦經規儀是誦唸「三時繫念」最主要的就是要所有弟子懂得感恩。相信參加過「盂蘭盆」法會的蓮友均會為這殊勝的「感恩」及「懺悔」的法典為之動容。

筆者時常探覓人性，看了很多經典，更恭聽師父的開示：發現當下社會問題繁多，人的心中罣礙也很多，終究因由都是很多教育已忽略「感恩」之心。其實，人該從小就培養感恩和惜福之念，懂得感恩，能夠惜福才是每個人的快樂泉源。

筆者看過一篇文章：

雖然鬧鐘響時我會很懊惱，會拉住棉被蓋住頭，但我要「感恩」上蒼，因為我能聽得到，需知有多少人耳朵聽不見。

雖然我還是閉著眼睛，厭惡清晨的陽光，但我要「感恩」上蒼，因為我能看得見，需知有多少人眼睛看不到。

雖然我賴床不想起身，但「感恩」上蒼我還有能力站起來，需知有好多人要終身睡在床上、或坐在輪椅上。

雖然這一天剛開始就一蹋糊塗、襪子找不到，稀飯溢得到處都是，小孩又吵又鬧，每個人脾氣都很大，但「感恩」上蒼，我有一個家，需知孤寂的人到處都有。

雖然，我們的餐桌從來沒有像雜誌的圖片那樣，早餐也是拼拼湊湊，但「感恩」上蒼賜給我們食物。需知飢餓的人還

是那麼多。

雖然我們的工作枯躁乏味，常常千篇一律，但我們還是要「感恩」上蒼。因為我有工作機會，需知失業的人好多好多。

雖然我們常抱怨，感嘆命運不好，但「感謝、感激、感恩」上蒼給了我們生命。

其實，每個人每天都該「感恩」，感恩您今天又平安了，感恩能與家人團聚在一起，就像筆者每天睡前都會很誠心地感恩「佛菩薩」，保佑我們全家又平安過一天。相信基督教徒也一樣會感恩他們的「主耶穌基督」。

人，一定要用感恩的心做人，用愛心、慈悲心做事，這樣您的生活才會快樂、幸福、健康、長壽，有些人總認為生活被虐待，經常看到很多人不快樂、不幸福、不成功，即覺得處處受壓榨，天天哭喪著臉。您是否覺得這些人很難接近，因為他們的情緒比病毒傳染得還要快。就是沒有感恩心，沒有長輩說的「慈悲為懷心態」才會如此。

「感恩」不止對於有正面影響的人，對有負面影響的人同樣要「感恩」。師父弘法言：人生不可能永遠遇到好人，一定會遇上很多傷害我們的人，像；謾罵、毀謗、嫉妒及設計陷害之各種行為。

　　我們都該學學放下，捨去生氣，相反地該感恩他們，把他們當成逆向菩薩，對我們都有好處，因他們在幫我們消業障，換個角度看、無量劫以來，我們的業障到哪裡消呢？就是這些負面之人。雖然當下被陷害難免會很生氣，但是只要悟透它，也是提升考驗我們自己，所以看淡它吧。如《金剛經》所言：「凡所有相，皆是虛妄。」由此可知，除了「感恩」所有助你的人之外，也要慢慢學習去感恩逆向之人，正如師父言：

　　要感激斥責我們的人：因為他助長了我們的定慧。

　　要感激絆倒我們的人：因為他強化了我們的能力。

　　要感激遺棄我們的人：因為他教導了我們應自立。

　　要感激鞭打我們的人：因為他消除了我們的業障。

　　要感激欺瞞我們的人：因為他增進了我們的見識。

　　要感激傷害我們的人：因為他磨練了我們的心志。

　　總之，要感激所有使我們堅定成長及成就的人。

心念改變、心靈排毒

　　確實，人的病是由心生的，命也是由心生的。舉凡所有的宗教，無論是佛教、道教、天主教、基督教及回教，都是說命是由自己的心生出來的，病也是由心而生，只要能將心靈的毒素排洩出來，垃圾清掃乾淨，病和命運就能扭轉，不然，所有宗教不可能誕生並發展到今天。事實上所有的病都是提示人們心靈上有缺點、有錯誤，否則，你不可能發生疾病。禪宗神秀比六祖慧能的修為較低，但是神秀的偈言卻也是人類修行及健康的一個法門。他能知道「身是菩提樹、心如明鏡台」。這偈語明示人們：身體是心靈鏡子，能體悟的人較少，「時時勤拂拭、莫使惹塵埃」。這意謂著能看到自己塵埃（問題）的人，本就寥寥無幾，何況「時時勤拂拭」呢？真能拂拭的人就鮮少矣。

　　不妨看看「淡」這個字的寫法，是三點水澆兩個火，兩個火字不正是「發炎」的炎嗎？只有用水才能滅火，只有看「淡」才可消「炎」。在這個世界上，人生本來就是一場戲，何必

斤斤計較呢？活著糊塗點（不執著）、自然知足、便可常樂。咱們必須懂得「認真」並非不好，而是太執著才會常常產生反作用。

要想把病袪除不難，。只要把他「談」出來，「炎」字加個言就是「談」。「談」與「淡」都是養生法則，「談」的另一個要議則是前文所言的「懺悔」。「懺悔」兩個字都是豎心部，即是從心說出。過去古人講：如果人參悟一天，「懺悔」一天就做一天「佛菩薩」，參悟一個月，「懺悔」一個月就做一個月的「佛菩薩」，永久參悟，永久「懺悔」就做永遠的「佛菩薩」，正所謂我們一生「時時勤拂拭」，一定可登上光明的樂土。

十善破除十惡 至高原則

於此可證，人世間的一切病痛和煩惱都是由我們自己的心念所造成，我們身、口、意所作的為「因」，而我們所承受的則為「果」，只有去除這些惡業，才能消除所有煩惱。對人的一生來說，總歸納起來一共有「十惡」，所以有「十惡不赦」之說。十惡包括；殺生、偷盜、邪淫、妄語、兩舌、惡口、綺語、貪慾、嗔恚、邪見。能對治的法則，正是我們

修行與生活的「十戒」，也就是「十善」，概括的說，就是要我們的日常生活中秉持著「諸惡莫作、眾善奉行」。所以欲健康長壽有一至高原則，這是以「十善」破除「十惡」。如下：

一、以救生離殺生。

二、以布施離偷盜。

三、以淨行離邪淫。

四、以誠實離妄語。

五、以質直語離綺語。

六、以和合語離兩舌。

七、以愛語離惡口。

八、以不淨觀離貪慾。

九、以慈悲觀離惱怒怨恨之心。

十、以因緣觀離一切執著虛妄。

若能細心研覆以上信條，肯定除了讓人健康長壽外，應有另一種對生命哲學的領悟。

所以，千萬不要以為「小惡無損」地存著僥倖之心，而應是具備筆者在書中所提的菩提之心，這是大慈大悲之心啊！

時常在現實生活中看見很多修行之人有一「放生」儀式，乍看之下似乎很有菩提「佛行」，是行善的行為，為培養慈悲心的一項法門軌儀。

然而，不要以為只要做放生就一定具備了慈悲心。如果把它當作一項「工作」，或抱有利己的目的去放生，就失去意義。

且看社會上常有一些奇怪現象，非但達不到「善行」，則會變成「惡為」；很多人去鳥店買「放生鳥」來放生，鳥店的人又去把鳥抓回來賣。另外，有些人去買「活魚」、「蛤蠣」要放生，還要很隆重地為「牠們」誦經禮懺，等到要放生時，很多魚和蛤蜊都「往生」了。其實善行、善念的至高法則有一信念、即不要「盲從」，有些人認為放生愈多愈好，而獵人為了滿足放生之人，則越補越多，與其如此倒不如不放生得好。因為這已失去慈悲的善意。

再分享兩則故事：

一、慈禧太后有一次邀請英國公使伉儷進宮餐宴，慈禧太后為增加氣氛，當眾「放生」一百隻白鴿，然後對公使夫人說：「我們這樣的慈悲心，你們是沒有的吧？」公使夫人則說：「因為愛護這些生靈，我們根本不會捕抓那些動物。」

二、宋朝大學士蘇東坡的愛妾也是一位虔誠佛教徒，很熱衷「放生」，有一次到山林裡放生鳥兒回來，看見庭院中一群螞蟻正在爭食掉落的糖果。她一邁步即踩死很多螞蟻，蘇東坡看見後感慨的說：「妳放生是為了慈悲心本是好事，但為何獨厚禽鳥，而薄待螞蟻呢？這不是真慈悲啊！」可見，真正慈悲之心，不是因果福報，而是要我們真正擁有菩提真心。

助人為樂之捨得 締結善果

佛家說：「大慈以喜樂因緣與眾生，大悲以離苦因緣與眾生」。即謂「大慈能夠給予眾生帶來無限的幸福，而大悲則是為眾生拔除一切痛苦。佛家鼓勵眾生，除了自我修持之外，還要求人與人之間種善因，當幫助別人得到快樂，或是從痛苦中得到解脫的時候，更能夠得到善果。

而在助人的同時，自然會牽引「捨」與「得」的問題，「捨得」通俗說乃犧牲自我，是道德責任和奉獻精神的基本原則。咱們現在所認識的「捨得捨得、不捨不得」與佛教的布施是等同的「生活禪」。

布施的用意就是要讓自己傾盡所能地去幫助受苦折磨的

人，這包含財布施，當然還有「善」及「引導」正確之路。
錢財是身外物，生命亦是修行的載體，所謂「一切皆為修行
故，所以得拋。」由此可知，「捨得」與、「布施」亦都是
一種精神、一種領悟、一種智慧、一種人生境界。只要大家
真正把握了「捨」與「得」的機理和尺度，學會靜觀，看清
楚自己到底想要什麼，便等於已經把握了人生的健康鑰匙。
要知道百年的人生，面對真實的本性時，肯定會對「捨得」、
「布施」有特別的情懷，更會發現生命的意義不一樣了。還
是那個字「悟」吧！

健康還是從改變啟動

　　在聞名世界的威斯特敏斯特大教堂地下室的墓碑林中，有
一塊名揚世界的墓碑。它是一塊很普通的墓碑，卻與很多名
人的精緻墓碑葬在一起。然而，這塊墓碑為何能以無姓名、
無生卒年月引起世界注目，比起周圍的國王、名人墓碑更受
敬仰呢？最主要的是這塊墓碑上刻著一段話，深深震撼世人：
　　「當我年輕時，我的想像力從沒有受過限制，我夢想改變
這個世界。當我成熟以後，我發現我不能改變這個世界，我
將目光縮短了些，決定只改變我的國家。

當我進入暮年後，我發現我不能改變我的國家，我的最後願望僅僅是改變一下我的家庭。但是，這也不可能了。

當我躺在床上，行將就木時，我突然意識到；如果一開始我僅僅去『改變我自己』，然後作為一個榜樣，我可能改變我的家庭；在家人的幫助和鼓勵下，我可能為國家做一些事情。然後誰知道呢？

我甚至有可能改變這個世界。」

據說，許多世界政要和名人看到這塊碑文時都感慨不已。有人說這是一篇人生的教義，有人說這是靈魂的一種自省。聽聞年輕的曼德拉（Nelson Mandela）看到這篇碑文時，頓時有「醍醐灌頂」之感，聲稱自己從中找到了改變南非甚至整個世界的金鑰匙。回到南非他從改變自己開始，然後改變自己的家庭和親朋好友著手，經歷幾十年，終於改變了他的國家。

的確，或許想撬起世界，它的最佳支點不是地球，不是一個國家民族，也不是別人，而只能是自己的心靈。

要想改變世界，就必須從改變自己開始，要想撬起世界，你必須把支點選在自己心靈。這看起來是個很簡單的人生道理，但是，做起來非常艱難，因為我們往往不知道從哪裡改

變自己。所以這就是筆者建議大家要走進宗教的理由，比較有目標方向。

尤其在佛教的修持，特別重視心靈改變。

修行的人大致有看過《了凡四訓》，了凡先生也是只「改變心態」，就把所謂的「命中注定」給改變了。說明白些了凡先生得到的財富、聰明、智慧全超過他的「命中注定」。連健康長壽都超過他命中注定的 53 歲，活了 70 多歲，真的是求功名得功名，求富貴得富貴，求兒女得兒女，求長壽得長壽啊！這是真實故事。

切記：

心若改變，人的態度就跟著改變；

態度改變，人的習慣就跟著改變；

習慣改變，人的性格就跟著改變；

性格改變，人的一生就跟著改變。

大家不妨試著「改變」看看，把「心」找回來，真的能體會「生命真諦」喔！自然健康長壽就會降臨于您。

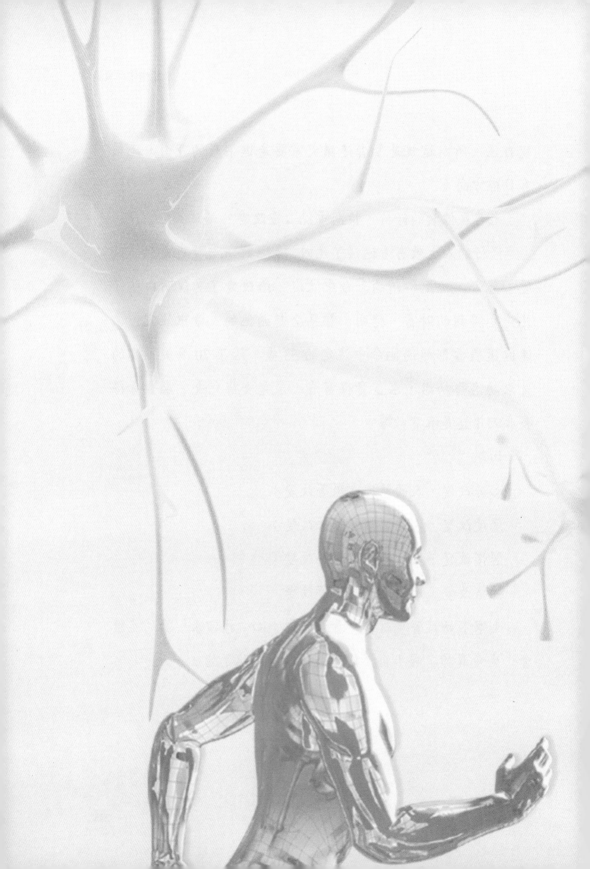

第八章

心靈幹細胞的黑科技

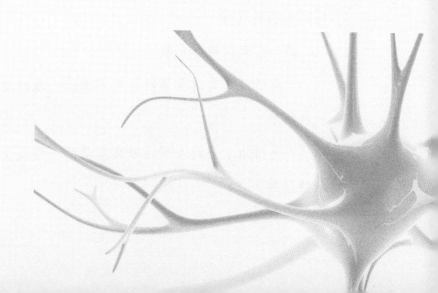

無所謂的悸動

　　無所謂（沒關係）：以前在「佛法」共修時，有位師姐經常有些小狀況被蓮友取笑時，她有句口頭禪：「無所謂、沒關係。」我挺喜歡這句話，因一句話化解出糗的小尷尬。無所謂、沒關係雖然是非常簡單的語言，卻是一種高尚的大境界，是一種達觀的態度，是一種心態上的成熟，是一種心智上淡泊。在生活中有許多事情需要我們抱著無所謂的態度來對待。無所謂不是對生活不負責，更不是消極、頹廢、沒落，相反的，也是一種人生奮鬥的藝術，拿得起、放得下、能捨得的藝術，前人之所以稱它為大境界，是因為很少人能勘破這門藝術的真諦。

　　誠如前人所形容一般；

　　「無所謂」是對生活挫折與不幸的一種輕蔑、一種釋然、一種排解。

　　「無所謂」是對人間浮華與虛榮的一種放棄、一種割捨、一種淡然。

「無所謂」是對社會紛擾與爭奪的一種避讓、一種躲閃、一種游離。

「無所謂」是對心理失衡與矛盾的一種調整、一種自救、一種寬慰

筆者曾經聽過一首歌，歌名就叫做「無所謂」，內容是這樣寫的：

「其實許多事情原本無所謂，看淡了就不會心灰，成敗與否都無愧」，「絕不能當你的面掉眼淚，我假裝無所謂」。

「無所謂誰會愛上誰、無所謂誰讓誰憔悴，對與錯，再不說我的後悔，無所謂、無所謂，原諒這世界所有不對，無所謂」。

這歌曲有段日子哼哼唱唱的人還挺多的，但真正能參透這三個字又有幾許呢？我們不妨試問自己，遇到任何事情真能無所謂嗎？還是故做輕鬆，故做淡雅呢？說實在的，我自己還不見得能完全做到，尚在努力學習修行中。

先賢所言：要學會用心用感情去看自己、看世界、看社會、看人生，有所謂和無所謂總是充滿一種深刻的辨證，每個人都應該以一種看淡世俗紛擾的無所謂心態，感受人世間的一切。不要被情慾束縛太重、不要有任何偏見、不要有任何矯

情、不要有任何造作、不要太多固執！有首詩曰：「別人笑
我忒瘋癲、我笑他人看不穿、不見五陵豪傑墓、無花無酒鋤
作田。」所以，無所謂正是一種平常心、一種自然態度、一
種淡泊狀、一種真本色也。於此，猶記只要學著看開；

　　對於別人的擠懟，無所謂些，免得整天與人爭風吃醋。

　　對社會的不公，無所謂些，免得整天發牢騷。

　　看待人生沉浮，無所謂些，才不會整日感慨萬千。

　　對生活的不順，無所謂些，才不會整日怨天尤人。

　　對生命的恐懼，無所謂些，免得整日憂心忡忡。

　　看待事業的挫折，無所謂些，才不會苦難不堪言。

　　對感情離合，無所謂些，才不會整日悱惻纏綿。

　　看待名利得失，無所謂些，免得整日與人勾心鬥角。

　　看待心理的壓力，無所謂些，免得整日抑鬱失眠。

　　總之，對一切牽累、負擔、痛苦、不順、榮華、名利、富貴、
得意，都應看得無所謂些，如此人生才能超然、釋然、安然、
到自然。

　　人生坐標上「無所謂」、「沒關係」，是心靈上很有內涵

的哲學，能以「無所謂」或沒關係」的心態行走人生、行走社會、肩頭輕鬆、腳下就輕快，自然可以讓我們抖落身上的血漬與灰塵，亦能讓我們放棄生活的負擔和煩惱，無憂無慮，超越人生的羈絆及牽累闊步行進。正可體會健康的自然。所以，要如何看待人生，端賴自己的「領悟」

第二節

心靈心語話健康

一、這一世的遇見和陪伴，都是短暫的，隨著生命的離去，都成了一場相知，都變成一種不捨。

二、其實沒有什麼能輕易傷你，除非你真的放在心裡，畢竟有情才會被情所困，所以，對人生而言，無論是得到還是失去，一切都是命中註定。

三、感謝所有出現在我們生命中的人，感謝所有曾經幫助過陪過我們的人，無論如何，別管結局，心懷感激，記得珍惜，一切順其自然，不強求、從此學會看淡、不糾纏。活好當下的每一天，善待身邊的每個人，生

命只有一次，別給自己留遺憾！

四、南懷瑾大師說：「聚散不由人，得失天註定。命裡有
時終須有，命裡無時莫強求。順其自然，想要的都會
來，一切隨緣，是你的，終會出現。」

來，不是我們所想，去，不由我們所願。生而為人，既然
不能決定生死，那就享受「過程」，活在「當下」。

平安健康是財富、無災無難是幸福。別把金錢看太重、人
走以後都是空、健康活著是福氣，平安終老是成功。不說、
是一種智慧，不爭、是一種修行，沉默是成熟的表現，不惑、
是大度的證明。

切記！所有的遇見，都是有原因的，無論你遇見了誰。

五、人的一生一定要拜的「三尊佛」：第一尊是你自己
這尊本命佛，首先你要自己愛自己，自尊自重，讓自
己多行善，感恩自己來到這個世界；第二尊和第三尊
就是自己的父母，俗語說：「堂上雙親你不敬，一心
向佛也枉然，羔羊尚知跪母乳，烏鴉亦求反哺恩。」
一個人如果對賦予自己生命和辛勤哺育自己長大的父
母都不知孝敬，那就喪失作為人該有的良知，父愛是
佛、母愛是佛，父母才是應盡孝的佛呀！

六、一個人生命的長短和事業的成功程度及情緒的好壞
　　密切相關，看看科學家研究的真相，很多人都被情緒
　　內耗破壞掉正常的生活，有科學家表示「一個失落的
　　靈魂能很快搞垮你遠比細菌快的多」，事實上，人生
　　旅途我們遇到的最大的敵人就是失控的情緒，情緒像
　　水，穩定的情緒是涓涓細流滋養萬物。

　　不穩定的情緒則是咆哮的波濤，很多人常常陷入情緒內耗
之中而不自知。比如你在生活中和別人有矛盾，總覺得自己
受到委屈不斷回想，老覺得對方故意找麻煩，一直回想那場
爭吵，抓著對方的錯誤不放，每當你想起時，你可能會翻來
覆去的睡不著覺，便會長期處於一種沮喪的狀態無法感知生
活的樂趣，久而久之，即便有一天，你什麼都沒幹，也會覺
得很累，這種心理就叫做「情緒內耗」，當你耗盡精力後，
鑽入牛角尖就會把自己拖入負面情緒的深淵。

　　有句講得真好：「沒有一種批判比自我批判更強烈，也沒
有一個法官比我們對自己更嚴格。」我們常說「氣死我了，
壓力好大，心有不甘」，此時，你注意一下胸口是否不順暢，
我們一定要重視，想辦法排解，別讓情緒氾濫，不以物喜，
不以己悲，幸福的生活從調解自己的心態開始，「人生無完

美，不必太苛求」，一個人的心裡容量是有限的，當你放了太多負面情緒時，歡樂就住不進去了，唯有適時清理內心的情緒垃圾，內心才不會布滿塵埃。

古人云：「解鈴還需繫鈴人。」千萬別讓負面情緒毀了你的人生。生命如此短暫，很多你以為過不去的坎，當你回頭來看，也不過都是一場幻影，如果挫折讓你痛苦，那就摒棄雜念，大膽地藐視讓你痛苦和煩惱的事，如此才能讓快樂常駐心間，今天請一定記住一句話「難得糊塗」，幸福的人生是糊塗的。

七、一段偈言：「從愛到恨有多遠，無常之間」，「從古到今有多遠，笑談之間」。「從你到我有多遠，善解之間」。「從心到心有多遠，天地之間」。當歡暢變成荒台，當新歡變成舊愛，當記憶飄落塵埃，當一切是不明的空白，人生是多麼無常地醒來，看懂人生，就真是無常地醒來。

八、弘一法師開示的六句話：

(一) 凡事你想控制的，其實都控制了你，當你什麼都不要的時候，天地都是你的。

(二) 遇見是因為有債要還了，離開是因為還清了，前世

不欠今生不見，今生相見定有虧欠。

（三）緣起，我在人群中看見你；緣散，我看見你在人群中。如若流年有愛，就心隨花開；如若人走情涼，就守心自暖。

（四）不要害怕失去，你所失去的本來就不屬於你的，也不要害怕傷害，能傷害你的都是你的劫數。繁華三千看淡，即是浮雲；煩惱無數，想開就是晴天。

（五）你以為錯過了就是遺憾，其實可能是躲過一劫，別貪心，你不可能什麼都擁有；也別灰心，你不可能什麼都沒有，所願所不願，不如心甘情願；所得所不得，不如心安理得。

（六）你信不信有些事老天讓你做不成那是在保護你，別抱怨、別生氣，世間萬物都是有定數的。得到未必是福，失去未必是禍，人生各有渡口，各有各舟，有緣躲不開，無緣碰不到，緣起則聚，緣盡則散。

九、世界名人往生前的一段警世語，相信很多人都看過：

世界上最貴的品牌汽車停在我的車庫裡，但我必須坐在輪椅上；我的房子裡到處都是訂製設計的名牌衣服和鞋子，但我的身體卻被醫院提供的小白床單覆蓋著；我銀行帳戶裡錢

是我的沒錯，但對我來說除了交藥費已經沒有用了；我的房子就像一座城堡，但我卻躺在醫院小小的病床上發呆；生病前我是一家大企業老闆，從這家公司走到另一家公司，而現在是從醫院的一間檢驗室，走到另一間檢驗室，曾經給千萬人簽名時，我心情激動又開心。如今卻只能懷著沉重的心情，在醫生的處方上簽名。我有七個美容師給我做頭髮，今天頭上一根頭髮都沒有了。

乘坐私人飛機，我可以飛到任何地方，但現在我必須靠兩個人幫忙才能走進醫院大門；雖然世界各地有很多美食，但如今我的飲食是白天兩片藥，晚上幾滴鹽水，也許人只有在死亡前才明白「金山、銀山，不如平平安安」、「大富大貴，不如健康最貴」。健康活著比什麼都重要，比什麼都值錢。誰也不能長命百歲，誰也不能死而復生。來世一遭，錢財物質帶不走，名利、權勢留不住，乾乾淨淨來，兩手空空走，最後化為烏有，融入泥土，世界再好也看不見了，人間再美，也不存在了，一輩子就這麼短，活著、活著，就老了；老著、老著，就沒了；走著、走著，就剩下回憶了；過著、過著，生命就失去了；多過一天就是賺了，能活一天就是福氣，珍惜這輩子的時間吧！

　　好好保養身體，活好這一生的每一天，今生的事，今生做；今生的愛，今生緣，更要今生圓；今生的情，今生伴，趁著現在還活著，能吃就吃，別猶豫；能愛就愛，別等待；能聚就聚，別拖延；畢竟，再也不會有下輩子了，況且下輩子誰也不認識誰了。

　　所以說，什麼是你的，就是「健康」，就是你活著當下的每一秒，無病無痛地活著。

結後語

　　這本書寫到這裡已經是結尾了，筆者從地球、空氣、疾病、慾念、亞健康、信仰、感恩、寬恕……等，都是希望讀者們能真正找到健康的「靈丹妙藥」，其實看懂了就「心」與「愛」，各種破壞健康影響壽命的就是「心」汙穢了，「愛」沒了。

　　如果當每個人的心靈垃圾及毒素都清除乾淨之後，您想要的健康長壽必然隨之，心念也亦然昇華。但只要是人總會面對「死亡」的一日。佛家有「一念往生」的說法。意思是指在「臨終」時最後的一念才是生死交關最重要的，也是生命交替的一念，這一念的力量十分強大，一念可以決定下一世要往生或再受輪迴；臨終一念若是起瞋恨心，則將受瞋恨力量牽引而墜入地獄；這一念若是起貪爱心，則將受貪爱力量的牽引，而墜入餓鬼道、畜生道；臨終一念若是安詳寧靜，則能再生為人或生天上。佛家說：「一生的最後一念剛結束、下一世超脫生死輪迴的生命已在極樂淨土中出現。」這種心

念亦跟心靈進化相關。

佛家提倡從「一念相應」即刻修行，即抓住一閃念，讓當下的自己與清淨自性，禪定智慧等互相契合；又提倡「一念不生」，即是說要求凝心息慮，不生一念妄心。佛家認為空間、時間都產生於「一念心中」，所謂「一念三千（世間）」、「一念萬年」。

人心變幻莫測，天堂與地獄有時就在心的剎那間改變，只是一念太快了，來不及讓自己的心靜下來。所以把握現前一心之念至為重要，因為這往往能透露人的心靈深度。

的確，在現實生活中，我們在面對紛繁複雜的問題時，「往生」是心中的那一念決定了心態，雖稱不上「選擇」，但它往往是無意識的直覺，卻會影響行為。人是複雜的，善德惡念是同時存在於我們的內心，不論做何，只要心存善念，至誠感恩，身心得以淨化，就是真正健康幸福之人。

古希臘有句名言：「再沒有什麼比欺騙自己更容易的了。」行為準則「仰不愧天、俯不愧地」，這是最基本的原則。哲學家尼采說：「我不是生氣你對我不誠實，而是從今以後我不能再相信你了。」倘使連自己的良心都可瞞騙，對任何人還能不欺騙嗎？這一切都是「心念」，于此可知「心念」對人，

不論是健康或是心靈完美都是很重要的基準。人活著不可能沒有痛苦，只能期待「心念」來轉苦為樂。切記！「心念」乃「一心之念」是相當快速的改變，因為只有一剎那的時間喔！

所以，轉變就「從心開始」，從最基本的人性找回來，從待人接物著手，打招呼從「拱手作揖」、「鞠躬敬禮」開始，從自我做起，讓人與人之間和諧共存。這個社會才有救、這個國家才有救、這個世界地球才有救。如果諸位敬愛的讀者您，也認同筆者創作的觀念與人生心路歷程的悟透，請與我一起盡己所能來幫助自己，哪怕在社會上中了刀、挨了棍、吃了虧、受了騙、輸了籌碼、丟了山頭、打斷牙齒，這並不可笑，就當繳了學費，只要「心念」轉得過來，幸福、健康肯定在當下「逆轉」。改變吧！從自己改變開始，不久將來定可改變自己的家庭，輾轉或許能改變社會，進而也許可改變這個國家，再也許某一天真能改變整個世界及地球呢？

總之，生命是個陀螺，總有停轉的一天，若能在旋轉時，多碰觸些火花，將可體會出生命的意義是無窮盡的。

從小至今，我一直禹禹走著圓圈路，當「心」受傷了、委屈了、累了、痛了、苦了，只能盡量讓愁緒抖落樹蔭籬棘，

而心快樂時，風和雲是我的伴侶，會與之飛舞花圃林中。

畢竟我心深處有無盡的愛，我願讓愛從內心湧出，遍布我的心、我的身體、我的頭腦、我所在的空間。因為把愛釋放出去，您會發現「光明」、「安全」、「喜悅」、「圓滿」、就在身邊。

文創至此，對於人生的遺憾，尚有很多想說的經歷及故事沒說，但前面多則故事及內文也已表明《心靈幹細胞》一書的主題，我相信，最美好的不在於言說，而在於心與心的傳遞。終究是為了漸漸式微的「四維八德」也好，為了國人的健康長壽也行，就是希望本書為大眾讀者能找回心靈裡的「正能量」，讓「心念」昇華。筆者于此合十，衷心感謝、感恩。

跋

　　也許是年齡增長的原因，常常會在「願得一人心，白首不相離」的字句中沉醉。心中也不再渴望那些過於痴纏的愛情，總覺得真正的愛應是伴着時日一起成長，像是盛開在流年裡的烟火，是互相了解的心靈呼應．平淡而溫馨。

　　當決定要再寫第五本書《心靈幹細胞》時，我邀請心愛老婆一起創作，因為每個人對身心靈都有個人的獨特看法。創作時，感謝老婆給我很多啟示，給了我很多靈感，畢竟歲月終會改變一個人的心境，多一個人的思維會多一分完整。就像從前，我對愛情寫滿了山盟海誓，而今，我更期待天長地久，因為心中裝的是更多的柴、米、油、鹽、醬、醋、茶，而今，更需要的是陪伴和懂得。

　　其實，人的一生就是一個找尋溫暖的過程，走遍千山萬水，尋的不過是一分踏實安穩；看過無數的風景，也不及有人為你留盞照亮回家的路燈。

歲月漫長，總要有一個休憩的港灣，有一個靈魂相依的人，當你疲憊的時候可棲息，當你流淚時有人給你安慰，當你快樂時候可以有人分享，當你經歷風風雨雨時可以安靠。

有多少心靈的重建，是恰好你（妳）出現，恰好我也在，有多少相遇，是你（妳）來了就不會再走開、當光陰磨平了棱角，愈來愈明白，「愛」總是在平淡裡，情在細水長流中。

深深懂得，生命中最寶貴的東西，不是你（妳）擁有了多少財富，而是你（妳）是否快樂？不是你（妳）曾遇到過多少人，而是是否有人懂你（妳）。

我不羨慕街角擁吻的情侶，我會感動於白髮蒼蒼牽手散步的老夫妻，因為我知道，談一場白頭偕老的戀愛是有多麼不容易。真正的愛情，是兩個不願再漂泊的人，在那個叫做「家」的地方，守著烟火素籤上的平淡，慢慢變老。

有一種美好，需用心去感受，有一種感動，需用靈魂去觸摸，有一種語言，是無聲的牽念；有一種陪伴，能在四季輪迴中昇華。

《心靈幹細胞》除了剖析健康長壽的祕訣，更是要讓大家凡事所有都需以愛為出發點。時間是「愛」最好的見證，生

命裡這一生，很多人都可以給你驚艷和感動，但能執子（妻）之手，陪你（妳）到最後的，卻只有那麼一个人。

光陰的屋檐下，無論走過多少山水，我都會因為妳的存在而堅持。

正如「時光靜好，與君語；細水流年，與君同；繁華落盡，與君老」。

最後分享一段筆者在大陸演講時聽到的一段順口溜：「牽著小秘的手，一股暖流上心頭；牽著情人的手，綿綿愛意在胸口；牽著小姨子的手，後悔當初下錯手；牽著丈母娘的手，一點感覺都沒有；回家牽到老婆的手，就像左手牽右手。」聽到這首順口溜時，我也嚇到，如果這樣、男人肯定很快出狀況，家庭妙藥一定要經營好，否則一把無名火會燒掉整個功德林。

筆者把順口溜修改了一下：「勸君勿牽小秘的手，小心血壓往上走；勸君勿牽情人的手，小心心臟會發抖；如果牽到小姨子的手，家庭倫理要遵守；牽到丈母娘的手，感恩的心意上心頭；回家牽到老婆的手，綿綿愛意湧胸口，生生世世偕白首。」

　　只要能有這心境，健康長壽肯定發揮良好功效，可別小看「牽手」的功能喔！還是感謝我心愛老婆與我共同創作本書，除了給大眾讀者改變心態找回健康長壽外，亦能用「愛」來包容所有。謝謝大眾讀者──感恩！

國家圖書館出版品預行編目資料

心靈幹細胞：遇見生命奇蹟 開啟健康百歲的黑科技
/蔣三寶著. -- 初版. -- 台北市：商訊文化事業股份有
限公司, 2024.11
　　　面；　　公分. --（成長保健；YS01717）
ISBN　978-626-96732-7-8（平裝）

1.CST: 幹細胞 2.CST: 細胞工程 3.CST: 生物技術

368.5　　　　　　　　　　　　　　　113018118

成長保健系列 YS01717

心靈幹細胞
——遇見生命奇蹟 開啟健康百歲的黑科技

作　　者／蔣三寶
文字整理／韓嶜瑩
出版總監／張慧玲
編製統籌／翁雅蓁
責任編輯／翁雅蓁
封面設計／鄭又云
內頁設計／唯翔工作室
校　　對／蔣三寶、陳睿霖

出 版 者／商訊文化事業股份有限公司
董 事 長／李玉生
總 經 理／王儒哲
副總經理／謝奇璋
發行行銷／姜維君
地　　址／台北市萬華區艋舺大道303號5樓
發行專線／02-2308-7111#5638
傳　　真／02-2308-4608

總 經 銷／時報文化出版企業股份有限公司
地　　址／桃園縣龜山鄉萬壽路二段351號
電　　話／02-2306-6842
讀者服務專線／0800-231-705
時報悅讀網／http://www.readingtimes.com.tw
印　　刷／宗祐印刷有限公司

出版日期／2024年11月　初版一刷
定價：390元